FEVEREIRO DE 2023

Nº 24

FILIPEFLOP AGORA É

MAKER HERO

O maior portal maker do Brasil de marca nova

PAG. 15

Conheça a nova UltiMaker S7

por Daniel Huamani

PAG. 5

YOFACE
Os óculos 4.0

por Emanuel Campos

PAG. 25

Primeiras experiências com Nylon (PAHT)

por Daniel Lobão

PAG. 37

EDITORIAL

A impressão 3D, também conhecida como manufatura aditiva, é um processo de criação de um objeto físico a partir de um modelo digital. O objeto é construído camada por camada usando materiais como plástico, metal ou até mesmo células vivas. Essa tecnologia tem o potencial de revolucionar a forma como projetamos e fabricamos produtos, desde pequenas peças até edifícios inteiros.

Uma das principais vantagens da impressão 3D é a capacidade de criar geometrias complexas que seriam difíceis ou impossíveis de produzir usando métodos de fabricação tradicionais. Isso permite maior flexibilidade no design e abre novas possibilidades de inovação.

Outra vantagem da impressão 3D é a capacidade de reduzir o desperdício, pois apenas o material necessário para criar o objeto é usado. Além disso, também pode ser usado para criar produtos personalizados, como próteses de membros ou implantes dentários, adaptados às necessidades específicas do indivíduo.

Existem muitos tipos diferentes de tecnologias de impressão 3D disponíveis, cada uma com seu próprio conjunto de vantagens e limitações. Alguns dos mais comuns incluem modelagem por fusão fundida (FDM), estereolitografia (SLA) e sinterização seletiva a laser (SLS).

Apesar de seus muitos benefícios potenciais, também existem algumas limitações para a impressão 3D. Por exemplo, a tecnologia ainda é relativamente cara e os materiais usados podem não ter a mesma resistência e durabilidade daqueles usados nos métodos tradicionais de fabricação. Além disso, a tecnologia ainda está evoluindo e há muitas áreas em que mais pesquisas são necessárias para melhorar suas capacidades.

No geral, a impressão 3D é uma tecnologia em rápida evolução que tem o potencial de revolucionar a maneira como projetamos e fabricamos produtos.

Texto gerado pelo ChatGPT
a pedido de João Alexandre Macluf,
CEO da Delta Informática

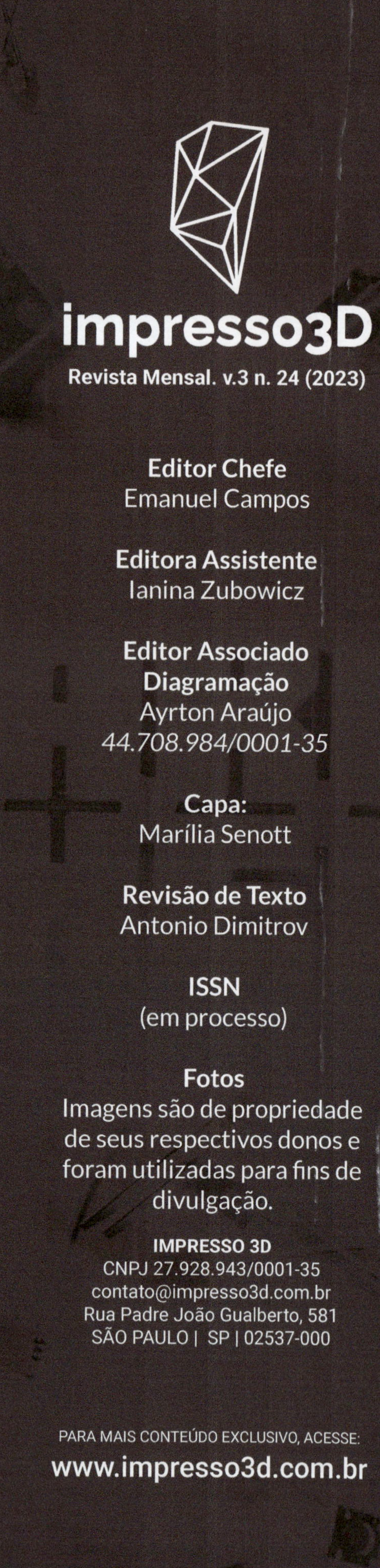

impresso3D

Revista Mensal. v.3 n. 24 (2023)

Editor Chefe
Emanuel Campos

Editora Assistente
Ianina Zubowicz

Editor Associado
Diagramação
Ayrton Araújo
44.708.984/0001-35

Capa:
Marília Senott

Revisão de Texto
Antonio Dimitrov

ISSN
(em processo)

Fotos
Imagens são de propriedade de seus respectivos donos e foram utilizadas para fins de divulgação.

IMPRESSO 3D
CNPJ 27.928.943/0001-35
contato@impresso3d.com.br
Rua Padre João Gualberto, 581
SÃO PAULO | SP | 02537-000

PARA MAIS CONTEÚDO EXCLUSIVO, ACESSE:
www.impresso3d.com.br

ÍNDICE

Conheça nosso podcast.

O MELHOR CONTEÚDO, AGORA EM AÚDIO!

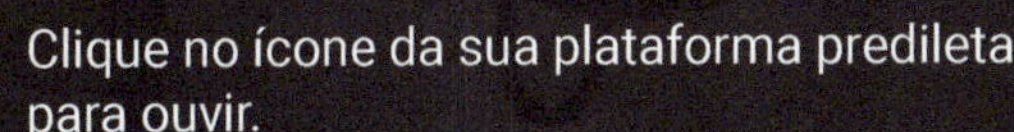

A MAGIA QUE SURPREENDE

RESINA SMOOTH 3D - D20

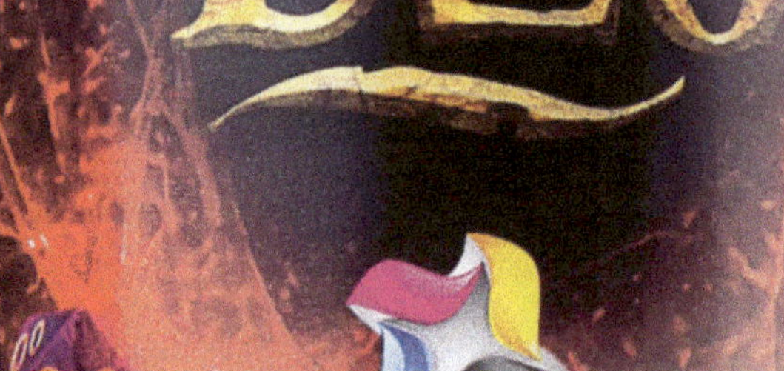

CLIQUE E SAIBA MAIS.

LANÇAMENTO

UltiMaker S7

Continuidade em confiabilidade e performance

Eu fui um fã da mítica em torno das UltiMakers (agora com M maiúsculo) desde que descobri que existiam impressoras 3D de mesa. Pra mim, lá atrás com uma reprap de madeira horrível, era mágico ter uma impressora 3D que todo mundo elogiava o quanto funcionava bem e não dava problema. O tempo foi passando, eu tive outras impressoras, virei sócio da **3DCRIAR** e a mítica foi sumindo gradativamente porque eu entendia mais e mais sobre impressoras, firmwares, materiais, fatiadores e configurações; então na minha cabeça, não fazia sentido toda aquela aura de superioridade porque os componentes eram basicamente os mesmos - mudando uma qualidade ali, outra aqui.

Mais tempo foi passando, a UltiMaker (ainda era com m minúsculo) lançou mais máquinas enquanto a **3DCRIAR** escolheu outras para distribuir. No fim, por algum motivo, quanto mais eu sabia e quanto mais técnicos a gente tinha no time, mais a gente resolvia problema de cliente com fatiamento, configurações, preparo de máquina, ajustes manuais, entupimentos, zzz...zzz... Nossos treinamentos passavam mais tempo ensinando o cliente a resolver problema do que efetivamente aplicar a tecnologia de manufatura aditiva.

Um pouco depois do lançamento da UltiMaker S5 nós decidimos reavaliar nossa linha

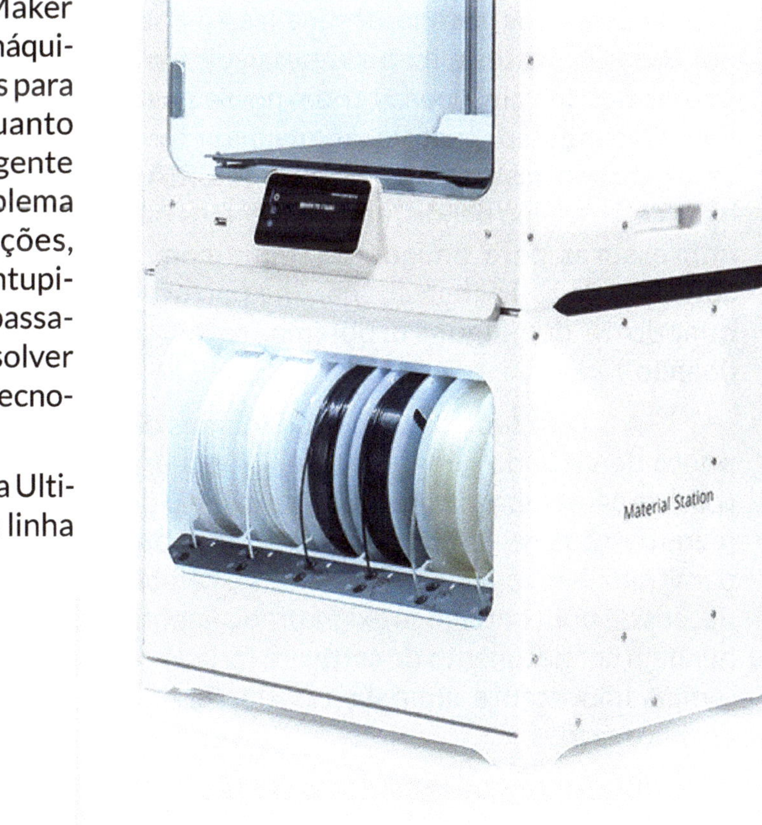

por **Daniel Huamani**

CTO na 3D CRIAR e expert em Manufatura Aditiva.

Daniel Huamani

@3dcriar

de impressoras e de materiais de impressão 3D. Talvez tenha sido sorte, talvez destino, mas após meses de testes, com todo o conhecimento acumulado que eu tive, voltei a ser o fã da mítica em torno das UltiMakers e entendi o porquê. Este aliás é um dos benefícios do meu trabalho: nós compramos/recebemos para testes entre 5-10 impressoras por ano, destinadas a passar por todos os testes e torturas possíveis para avaliarmos se vale a pena ter em nosso portfólio. Os testes são conduzidos na minha própria casa para não misturar no ambiente **3DCRIAR** e um certo tempo depois, nos desfazemos das impressoras para amigos e família com a condição de as-is (leia-se "não me perturbe quando te der algum problema, estou te doando").

A S5 era tudo o que nós queríamos do ponto de vista do cliente industrial: ela era robusta para trabalhar meses com o mínimo de manutenção preventiva, versátil o suficiente para trabalhar com muitos materiais e combinações de print cores, não exigia praticamente nenhum conhecimento de software fatiador e o mais importante em palavras claras: não enchia o saco.

Com o tempo, a constatação óbvia de que nenhum cliente quer ser técnico de impressora 3D fica mais e mais evidente. Ninguém quer aprender a calibrar, ajustar, nivelar, trocar firmware, mexer no e-step e tudo quanto é bruxaria simplesmente porque usuários profissionais não tem tempo pra isso. Eles têm responsabilidades no dia a dia de desenvolver produtos, manter máquinas funcionando, ajustar uma célula de produção e por aí vai. É aí que a aura mítica do nome UltiMaker aparece mais forte e brilha.

Quando olhamos puramente os componentes de máquina, é verdade que não há nada que salte aos olhos como de outro mundo. Specs de velocidade, arquitetura, dimensões, peso... tudo folha de dados padrão de mercado. O que faz diferença, e vai fazer cada vez mais diferença, está na plataforma UltiMaker além do hardware de impressora. E por conta desta plataforma, o modelo S5 continua fazendo um sucesso gigante mesmo sendo uma impressora lançada em 2018.

A UltiMaker S7 é construída sobre a plataforma básica da S5 com melhorias de qualidade, processo e facilidades para uma geração nova que será beneficiada ao longo dos próximos anos com um roadmap de upgrades (quase na totalidade de software e firmware) que continuarão a manter este modelo como topo de linha no segmento desktop professional por muitos anos ainda a vir.

Features, features, features...

A UltiMaker S7 tem dimensões de impressão de 330x240x300mm (x,y,z) com uma dimensão total de 495x585x780mm (x,y,z) e pesa 29,1kg. Essa capacidade atende praticamente todos os clientes industriais que já recebemos até hoje uma vez que o grande foco está em peças de reposição, gabaritos, fixadores, ferramentas e customizações de robô.

Em geral, peças muito maiores tendem a não compensar tanto a impressão versus o benefício obtido quando consideramos tempos de fabricação e custos envolvidos (acentuadamente quando não aplicamos Design para Manufatura Aditiva), e ainda assim, quando valem a pena, não há problema em particionar em peças menores e usar adesivos específicos para união (não superbonder, mas a 3M, por exemplo, tem excelentes adesivos plásticos que dão mais força do eu aderência de camadas, sabia?).

Todos sempre querem saber quantos mil milímetros por segundo é a velocidade de impressão. Pois bem: faz diferença nenhuma se você não respeitar os limites do plástico e não contabilizar a taxa de extrusão para cada tipo de extrusor diferente. Pior ainda, uma impressão pode parecer bonitinha por fora mas ser ordinária por dentro quando você tem mesclas de velocidades muito altas com taxas de deposição incompatíveis com o resfriamento do material. Além disso, há pouco mais de vinte propriedades medidas em mm/s configuráveis no UltiMaker Cura, e mais dez em mm/s², qual delas faz sentido? A maioria dos usuários comuns não está pronta para essa conversa então vamos aos números de catálogo: a UltiMaker S7 pode construir com taxa de até 24mm³/s. Este é um número seguro de taxa de construção, mas pode ser facilmente extrapolado quando utilizamos print-cores de diâmetros maiores, como 0,8mm e forçamos configurações experimentais com camadas bem mais grossas do que o software sugere por padrão. Então como bom engenheiro, a resposta é: depende.

Um ponto importante, especialmente para quem não conhece UltiMaker, é do print-core. São os módulos de extrusores da UltiMaker, introduzidos na velha e descontinuada Ultimaker (com o m minúsculo) 3 (não a S3). Este sistema permite a troca em menos de um minuto sem ferramenta alguma e dá uma flexibilidade sem igual ao alterarmos diâmetros ou material de construção. Hoje, existem quatro tipos, os AA, feitos para polímeros normais de construção, os BB, para suportes solúveis, os CC, para materiais compósitos (fibras e metálicos) e os novos DD, para suportes cerâmicos (par com metais). Cada um tem uma arquitetura levemente diferente para favorecer tal classe de material e há diâmetros diferentes (AA 0,25, 0,4 e 0,8mm, BB 0,4 e 0,8mm, CC 0,4 e 0,6mm e DD 0,4mm). Sendo a UltiMaker um sistema de dupla extrusão, qualquer combinação destes pode ser utilizada, por exemplo:

- AA04 com PETG e BB04 com PVA solúvel
- AA08 com ABS preto e AA08 com ABS branco
- CC06 com PAHT CF15 e BB04 com BVOH solúvel
- CC04 com 316L e DD04 com Ceramic Support Layer

As combinações dão uma flexibilidade muito grande pois não obrigam o usuário a ficar com um peso morto que só serve para suportes solúveis (nem sempre vale a pena utilizar). Muitos clientes de UltiMaker imprimem peças multimateriais para dar funcionalidades extras a determinadas partes de uma peça.

Também presente na cabeça da extrusora há duas modificações importantes. A primeira é o sistema anti-flood, que reduz muito riscos de que plástico derretido inunde o cabeçote em caso de problemas com a impressão (99,99% dos problemas deste tipo que nós encontramos são devido ao cliente esquecer ou utilizar um adesivo de impressão errado). A segunda modificação importante é no sistema de calibragem automático.

O sistema de calibragem automático atual é resultado de uma patente de 2016 Print bed levelling system and method for additive manufacturing e também de várias outras pesquisas e desenvolvimentos. Ao usuário comum, o método continua bastante parecido: a cada impressão, são medidos pontos da mesa e o sistema compensa qualquer desnível da mesa através de ajustes no caminho da ferramenta. A diferença está na troca do sensor capacitivo pelo indutivo na nova geração. O sensor indutivo é mais preciso e confiável do que o capacitivo e traz melhores primeiras camadas sem que o usuário tenha que fazer ajuste nenhum.

Anteriormente presente na versão S5 com Air Manager, a S7 traz o conjunto em uma forma de corpo único. A câmara fechada possui um sistema avançado de controle de temperatura, que monitora e acelera ou desacelera a ventilação para cada tipo de material. Além da blindagem ao ar externo, o ar é filtrado com um sistema que remove até 95% das partículas ultrafinas emitidas, certificado pela UL2904 - Standard Method for Testing and Assessing Particle and Chemical Emissions from 3D Printers. Isso, aliado ao baixíssimo ruído normal da S7 faz com que seja uma escolha segura e confortável para qualquer ambiente de trabalho, mesmo escritórios fechados.

A S7 também traz uma modificação na mesa de impressão, bastante pedida pela comunidade de usuários nos últimos tempos: uma mesa com cobertura de PEI magnética. Esta é uma mesa flexível que promete remoção mais rápida de peças e que não requer o uso de adesivos de impressão para a maior parte dos materiais simples. O sistema da mesa contém um conjunto de imãs e posicionadores que garantem que a mesa esteja no lugar correta para imprimir todas as vezes, dispensando ajustes a cada impressão. Além disso, o conjunto tem um sensor de posicionamento que faz com que a impressora não inicie um trabalho sem ter

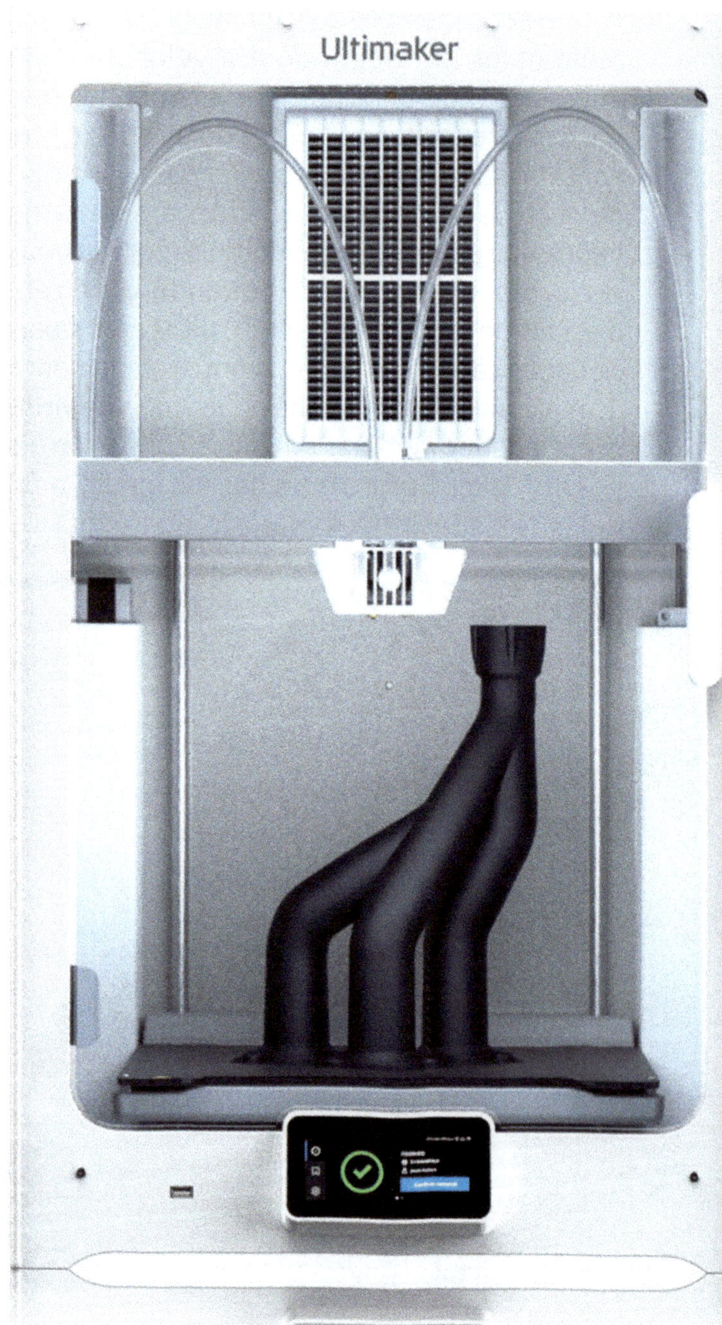

os componentes prontos para impressão – que é uma verificação importante, especialmente porque a gente nunca envia um trabalho de forma local (colocando pendrive ou SD na máquina, como os astecas faziam).

Falando em conectividade, a S7 mantém os padrões e traz algumas melhorias de wireless, como o uso de redes 5GHz. O sistema aceita envios através de USB, rede local, rede wireless e em nuvem, pelo Digital Factory, que é extremamente mais interessante do que qualquer outra alternativa.

O Digital Factory é a plataforma em nuvem da UltiMaker. É um sistema lançado em 2020 e que se expandiu tremendamente ao longo dos anos e uma das razões pela qual a S5, modelo lançado em 2018, continua sendo uma impressora top de linha até hoje. Além de simplesmente imprimir pela internet, o sistema foi aumentado para ser um gerenciador de produção e de pessoas.

Na aba Printers, estão disponíveis todas as impressoras e clicando em cada uma, você pode ver a mesa de cada impressora pela câmera (função que eu considero particularmente inútil, uma vez que quando você tem confiança na máquina, a gente esquece que existe câmera para monitorar), os trabalhos que foram feitos e um dashboard com as manutenções preventivas necessárias e como executar cada uma delas:

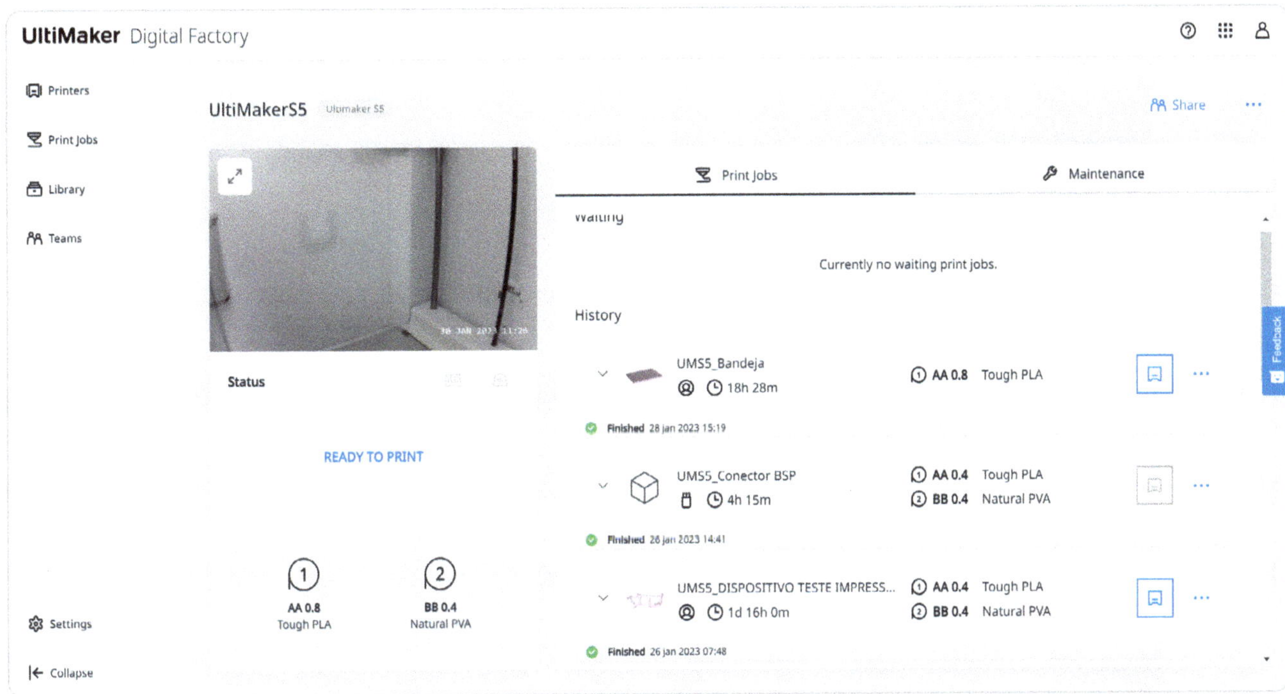

Em Print Jobs, vemos todas as impressões que já foram feitas, estão em execução ou na fila de impressão. Quando utilizamos níveis de permissão e acesso, os trabalhos podem ser aprovados ou rejeitados pela autoridade, dando mais uma camada de gestão sobre os trabalhos.

Na guia Teams, é possível adicionar usuários aos times e cada time a certos equipamentos. Desta forma, uma organização pode criar um time para cada planta e designar as pessoas para as impressoras presentes em cada planta, organizando o acesso e bloqueando o uso a pessoas não autorizadas.

A última aba é a mais interessante. A Library é o inventário digital da organização. Quando cadastramos um projeto, nós podemos atribuir valores de custos, fabricação e isso inicia um cálculo de retorno de investimento desta peça. Após os testes, quando a peça for liberada para fabricação, o sistema armazena o arquivo de fabricação homologado, não um STL.

Este arquivo contém todas as informações de qual material é utilizado, todas as configurações de fatiamento e impressora utilizada. Quando um usuário (de qualquer outra planta, em qualquer outro lugar do mundo) com o mesmo equipamento e materiais quiser, basta um clique para que a peça seja fabricada novamente. Este sistema dá acesso à um dinamismo extremamente interessante para múltiplas plantas que fabricam a mesma coisa, ou parecido, e tomam vantagem de peças que já foram homologadas em outros sites por outra equipes de engenharia. Este processo é o mesmo que nós implementamos em várias plantas da Ambev e Solar Coca-Cola, por exemplo, então quanto mais plantas se juntam ao nosso sistema, mais peças são criadas conjuntamente pelos times.

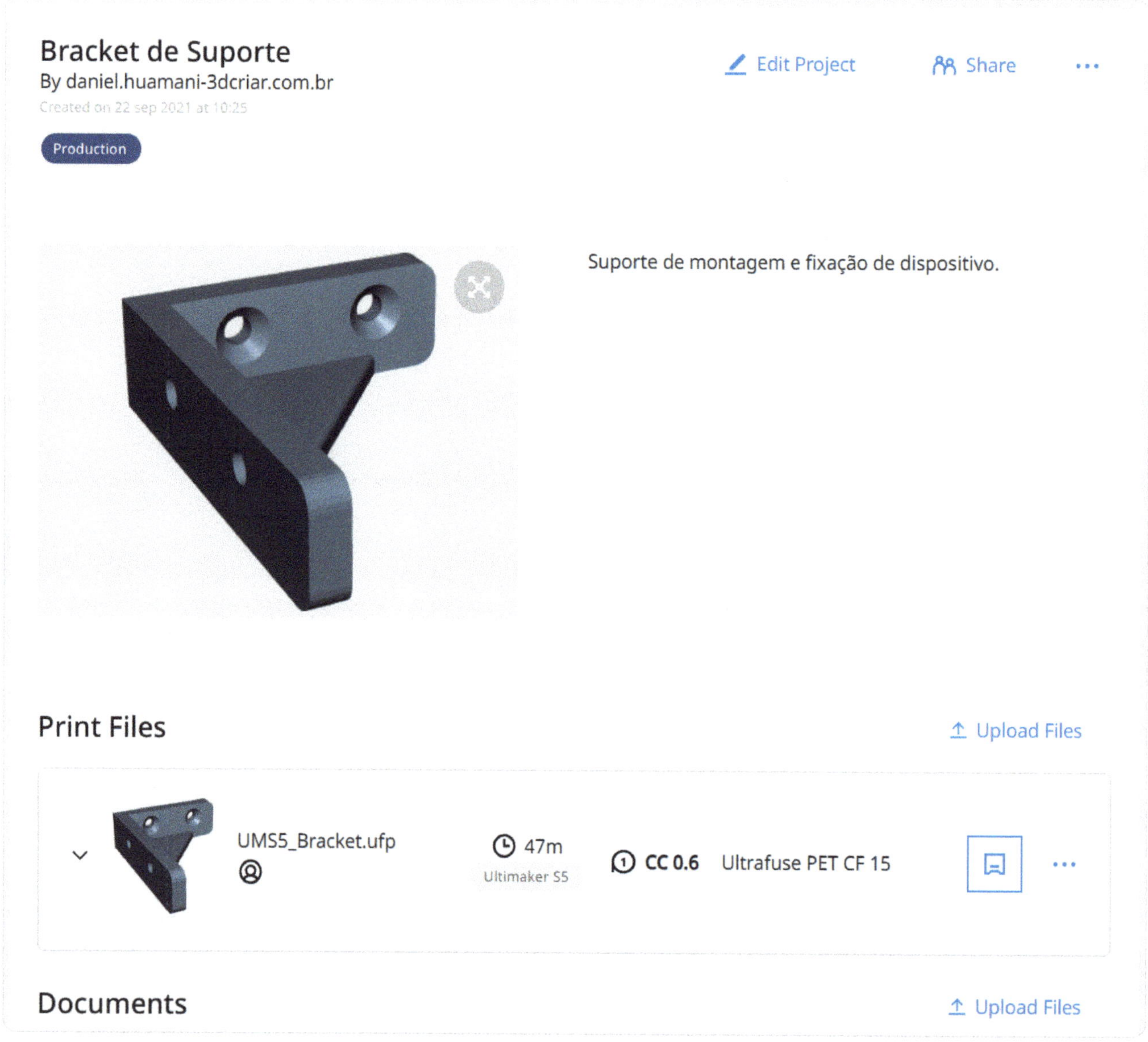

O Digital Factory também traz o acesso ao Marketplace, e vejo como um dos grandes valores agregados o fornecimento de perfis de materiais terceiros. Quando você escolhe algum material UltiMaker original, além da ótima qualidade e do chip NFC para reconhecimento, você também está seguro que os perfis dentro do sistema estão otimizados para os melhores resultados. Só que a UltiMaker não tem capacidade de fabricar todos os materiais disponíveis e de uma forma muito inteligente, há alguns anos começou um programa de homologação de materiais terceiros dentro da sua plataforma para disponibilizar aos clientes de UltiMaker uma experiência superior quando estes materiais são utilizados. Desta forma, hoje estão homologados dentro do sistema aproximadamente 70 fabricantes de materiais específicos e/ou de alta performance e quase 300 materiais.

É ok imprimir torrezinha de temperatura, ficar lá configurando retract, ajustando temperatura, velocidades e mais dezenas de outros parâmetros igualmente importantes para ter uma excelente impressão 3D quando você tem muito tempo livre. Usuários profissionais simplesmente não tem tempo para perder com isso pois possuem outras atividades rotineiras e além do mais, não querem gastar materiais caros de alta performance fazendo esses testes. Então quando uma empresa tem uma UltiMaker e quer usar um material excelente, não precisa se preocupar com isso: basta baixar o perfil do material (grátis) e utilizar com a melhor configuração que um engenheiro de materiais do fabricante e da UltiMaker chegaram. Se não sabe qual é o melhor material para o seu projeto, uma lista de filtros ajuda a escolher o melhor material:

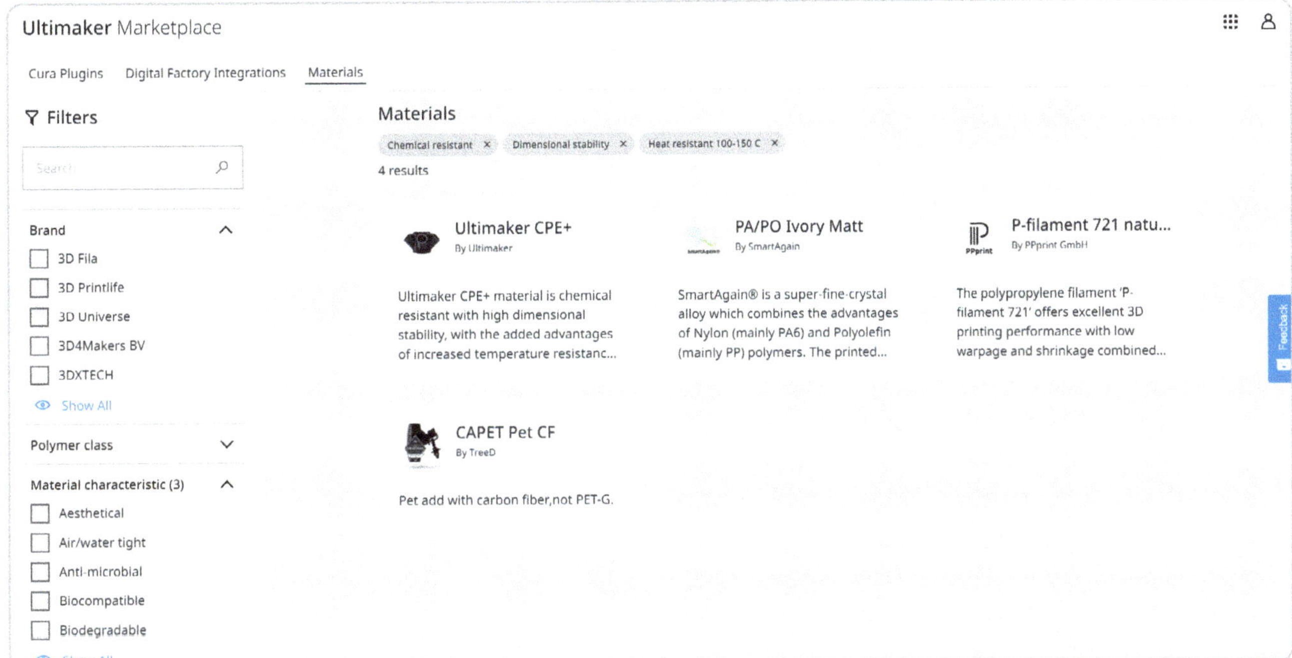

Alguns materiais terceiros tem um selo adicional de Certificação. Estes materiais tem um grau acima do normal e foram testados com mais rigor ou desenvolvidos com alguma certificação internacional em mente. É o caso dos materiais metálicos BASF Ultrafuse, que tem um processo delicado e MUITAS mudanças de software específicas para contabilizar contrações e forças residuais para melhorar a performance do debind e sinterização (fizemos um webinar que está no YouTube bastante completo sobre estes detalhes) e também o nylon LUVOCOM 3F PAHT® 9825 NT, que recebeu uma certificação TÜV SÜD de reprodutibilidade em 2020 (Ultimaker and LEHVOSS Group Receive Certification of Filament and Printing Process from TÜV SÜD).

Durante as prévias de lançamentos, foram convidados alguns parceiros de materiais para testarem a S7 e todos foram bastante otimistas em relação à qualidade de impressão e confiabilidade com os materiais já homologados. De início, foram convidados BASF, Igus, Lehvoss, Infinite, Covestro, Kimya e Polymaker. As entrevistas, e um demo de cada material, pode ser assistida neste link: UltiMaker S7 Material Partner Testimonials - YouTube.

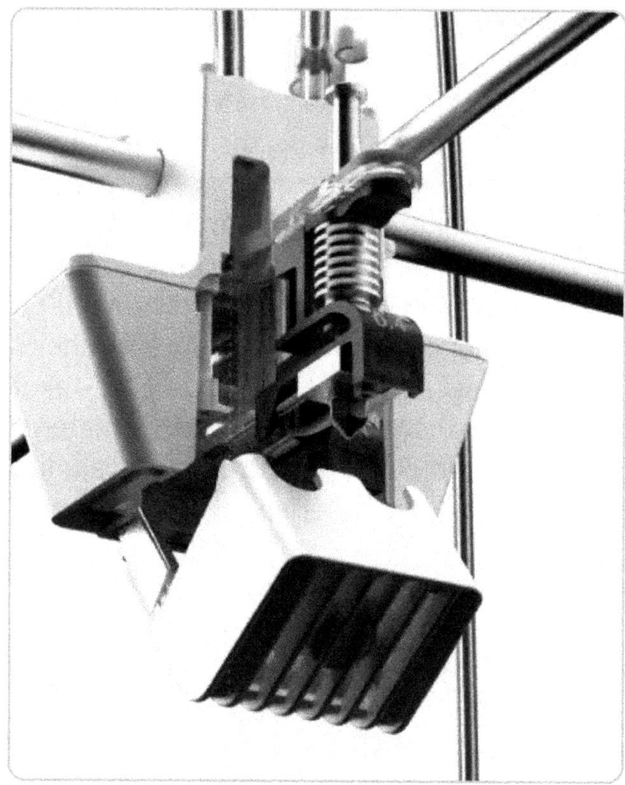

Considerações

Considerado uma melhoria em cima da plataforma da S5, a S7 não traz novidades disruptivas ou totalmente inéditas e isso não necessariamente é uma coisa ruim. Há muito hype hoje em siglas e termos que a maioria não entende muito bem como LiDAR, AI, Computer Vision... Capaz de lançarem uma impressora cripto com NFT e o pessoal achar disruptivo e sensacional sem nem saber o que é uma blockchain. No entanto, há ciclos de maturidade de tecnologias até que estejam além de funcionais, provadas para que forneçam um real benefício ao usuário. Com o público de usuários profissionais, inovações tendem a demorar mais para chegar pelo simples fato de precisarem ser exaustivamente testadas antes de serem inseridas neste contexto – basta olhar os lançamentos mais recentes de máquinas como Stratasys, Markforged, 3D Systems...

Neste momento, até cabe uma opinião do Wilson Amaral, especialista da UltiMaker que trabalha locado na estrutura da **3DCRIAR** aqui no Brasil. Já com mais de 20 anos de experiência, tendo trabalhado com marcas como Stratasys, HP, Markforged e tantas outras, este é o comentário dele sobre a S7:

> *“Traçando um paralelo, é como aquele veículo que agora possui freio ABS, direção elétrica, piloto automático, enfim, todos os recursos que tornam a viagem do motorista muito mais confortável e ainda sem a perda de desempenho, pelo contrário. A UltiMaker S7 vai em direção aos anseios das empresas porque entrega versatilidade, maior praticidade através de procedimentos automáticos e conferindo ao usuário a confiança de que a peça impressa é o resultado esperado por ele.”*

Ainda assim, a UltiMaker conseguiu manter o hardware do modelo S5 competitivo e relevante por cinco anos, e arrisco que ainda será por mais alguns. O grande truque está nas capacidades adicionadas ao longo do tempo sobre a plataforma como um todo, quando olhamos acessórios, software e integrações terceiras.

Desde 2018, foram lançados para UltiMaker S5 novos diâmetros e modelos de Print Cores, o Air Manager e Material Station (criando a versão S5 Pro Bundle) e, desde 2019, um sistema novo de tração de filamentos para compósitos e metálicos. Em software, o Ulti-

Maker Cura passou da versão 3.4 para a 5.2 com melhorias extremamente significativas no sistema de fatiamento, velocidades, perfis e muitas otimizações por baixo do capô, não sendo à toa o fatiador mais utilizado no mundo (muitas empresas utilizam uma versão antiga do Cura para seu slicer "proprietário" ainda). Pouca gente sabe, mas há uma versão do UltiMaker Cura Enterprise, com ferramentas de segurança de rede e deploy em .msi que tornam o uso corporativo mais amigável, incluindo em políticas de segurança de TI.

O lançamento do Digital Factory trouxe as capacidades de gerenciamento em nuvem de múltiplas impressoras em sites diferentes, com permissões de usuários, e mais tarde a Library adicionou o sistema de inventário digital e fabricação distribuída - tudo sem custos.

Ao fim do ano passado, o lançamento do kit de metal proporcionou o acesso à uma tecnologia anteriormente dominada por equipamentos extremamente caros, com custos proibitivos até mesmo para grandes empresas no Brasil. Pela primeira vez, foi possível produzir peças 100% metálicas com segurança e qualidade em um equipamento de menos de R$100.000. Inclusive, se você quer saber mais, pode assistir ao webinar que fizemos sobre o tema, junto com meu amigo Bruno Oliveira de Additiva 3D aqui: https://youtu.be/D78I_Y3wbr0.

É bastante fácil imaginar (mesmo eu já tendo algumas informações privilegiadas internas) que o caminho de evolução constante para o hardware da S7 possa ser continuado por muitos anos ainda.

No resumo, a UltiMaker contina sendo uma ferramenta de trabalho poderosa para usuários profissionais que simplesmente não tem tempo de serem extremos especialistas em pormenores de configuração, ajustes e fatiamento para conseguirem fabricar peças ótimas com confiabilidade e repetibilidade. Eu sigo sendo um fã da mítica em torno da UltiMaker e do que ela representa como aliada de engenheiros que precisam criar produtos, consertar máquinas, aumentar performance de fabricação - simplesmente trabalhar, sem ter que se preocupar com uma impressora 3D enchendo o saco.

As UltiMakers S7 chegam em fevereiro na **3DCRIAR** com preços próximos a R$100.000. Temos tanta confiança na marca, que oferecemos, com exclusividade, 2 anos de garantia em todos os modelos, sem custo adicional.

Metamorfose 55

Soluções em Manufatura Aditiva

Problemas com reposição de peças para a manutenção?

Peças antigas quebradas e difíceis de encontrar ou importar?

Protótipos para desenvolvimento de produtos?

Consultoria especializada para soluções técnicas e de processos?

METAMORFOSE 55 TEM A SOLUÇÃO!

Descubra como a impressão 3D gera valor e oportunidade de crescimento para o seu negócio.

Entre em contato:

 (12) 99244-1661

 gustavo.oliveira@metamorfose55.com.br

 www.metamorfose55.com.br

Av. Dom Pedro I, Nº 7181 - Via Vale Shopping - Loja 235 Taubaté-SP Brasil, 12090-000

Hub de Inovação Tecnológica de Taubaté - HITT

BUSINESS PRESS-RELEASE

MakerHero

O maior portal maker do Brasil de marca nova

2023 começou com novidade no mundo maker. Quem acessar a tradicional loja de componentes eletrônicos FilipeFlop, fundada em 2010, vai encontrar agora a MakerHero. Com novo nome, nova marca e posicionamento, a empresa brasileira aposta na mudança para o fortalecimento da cultura maker.

Segundo Filipe Macedo (CEO), a mudança vem para reforçar o compromisso da empresa com a comunidade maker, amantes da tecnologia e hobbistas.

FilipeFlop agora é MakerHero

O posicionamento da marca também dá mais ênfase para a motivação da equipe: inspirar e ajudar quem é apaixonado por programação, eletrônica e impressão 3D a ir sempre além em suas criações. MakerHero representa aquela sensação única de criar com as próprias mãos, de fazer parte da construção do futuro.

Para o processo de rebranding, a empresa contou com o trabalho da Bolden, que, junto da equipe, concretizou os conceitos que dão base para todas as ações. A consultoria investigou a essência, a história e o modelo de negócio, criando uma marca que inspira o protagonismo das pessoas no futuro através da tecnologia.

Além do e-commerce, que já alcançou a marca de mais de 90 mil clientes únicos, a MakerHero movimenta uma comunidade de criadores de conteúdo, fortalecendo sua atuação na construção de uma nova forma de pensar. A FilipeFlop agora é MakerHero e convida a todos a fazer com as próprias mãos.

> *"O que nos move é a possibilidade de facilitar a experiência das pessoas no universo maker. Queremos tornar mais fácil não só o acesso a produtos, mas também o conhecimento sobre técnicas. A meta é trazer para a comunidade mais pessoas. Somos makers e queremos crescer junto de todo mundo que tenha desejo de fazer."*
>
> *Afirma o CEO e fundador,* ***Filipe Macedo.***

Sobre a MakerHero - de makers para makers

O senso de comunidade que movimenta a empresa já estava presente em 2010, quando Filipe Macedo - fundador, engenheiro e entusiasta da inovação - resolveu agir para facilitar o acesso a componentes eletrônicos e ao conhecimento maker. Naquele ano, Filipe criou a empresa e logo vendeu a primeira placa Arduino.

No ano seguinte, foi ao ar o blog, iniciativa que já ultrapassa uma década de referência para comunidade maker, ajudando quem quer criar a encontrar conteúdo de qualidade e de fácil acesso. São mais de 800 artigos técnicos especializados com projetos, passo a passo e descrição de produtos.

Primeira revenda oficial da Raspberry Pi no Brasil

Em 2017, a MakerHero firmou parceria com a Fundação Raspberry Pi, tornando a loja a primeira representante oficial da fundação no Brasil. A empresa é especialista em Raspberry Pi e possui na loja os principais produtos da fundação, além de conteúdos e suporte técnico especializados. Além disso, são vários kits e cursos para quem quer se especializar nesta placa que é o maior sucesso mundial no mundo maker desde o Arduino.

Quem ainda não conhece essa placa revolucionária, vai com certeza se impressionar: a Raspberry Pi 4B é um computador que cabe na palma da mão. A Fundação Raspberry lançou em 2012 sua primeira placa, chamada Raspberry Pi. Desde então, já são mais de 15 modelos lançados pela Fundação.

Além de servir como um minicomputador, a Raspberry Pi pode ser usada para criação de projetos. Com ela makers e empresas têm desenvolvido várias aplicações que vão de games para entretenimento a terminais de autoatendimento espalhados locais de grande circulação.

Referência em Componentes Eletrônicos e Impressão 3D

A empresa já era referência em componentes eletrônicos e reconhecida como um dos maiores portais makers do Brasil. Em 2020 veio a decisão de ampliar os negócios com equipamentos e acessórios para Impressão 3D, com objetivo de oferecer uma experiência completa para a criação de projetos em todos os níveis de complexidade, fomentando a jornada de desenvolvimento de quem quer criar com as próprias mãos.

Após a ampliação do catálogo é possível encontrar impressoras 3D, filamentos e resinas de várias cores, texturas e materiais, além de peças e acessórios. O objetivo da empresa é oferecer produtos para os mais diferentes públicos, menos quem está dando os primeiros passos. Por isso, conta com um suporte técnico especializado para ajudar com os mais diversos problemas.

SuperMakers: parceiros que dominam as tecnologias

Além do e-commerce que já alcançou a marca de mais de 90 mil clientes únicos, a MakerHero movimenta uma comunidade de criadores de conteúdo, fortalecendo sua atuação na construção de uma nova forma de pensar.

Em 2018, foi lançado o programa hoje chamado SuperMaker. A iniciativa já contou com mais de 50 makers que têm produzido conteúdo técnico de todos os níveis, compartilhado projetos e conhecimentos no blog da MakerHero.

HeroBox - uma assinatura de makers para makers

A HeroBox, antiga BlueBox, é uma assinatura mensal que proporciona experiência única, feita de makers para makers. Quem assina recebe em casa uma caixa surpresa com projetos originais e todos os componentes e acessórios para montar um projeto incrível.

Compromisso com o aprendizado maker

Ao longo dos meses a HeroBox permite o contato com as principais tecnologias do

mercado - Arduino, Raspberry Pi, Wireless e IoT e Impressão 3D, além de componentes eletrônicos, solda, programação e mais.

O passo a passo em vídeo com todas as explicações sobre a montagem dos kits permite que pessoas sem experiência anterior montem os projetos e desenvolvam suas habilidades.

Kits Especiais e outras novidades

Com um time de desenvolvimento de produtos e um FabLab próprio, a MakeHero aposta em oferecer soluções cada vez mais abrangentes, facilitando e ampliando o acesso de pessoas não especialistas ao universo maker.

Para quem busca uma experiência pontual, a MakerHero oferece também vários kits para ajudar todo mundo a colocar a mão na massa. Os Kits Especiais são experiências completas em uma caixinha - Estação meteorológica, robô controlado pelo celular, plantinha IoT – é só escolher um desafio para receber todos os componentes para montar um projeto tecnológico com a ajuda do tutorial.

A empresa também tem ampliado o catálogo de produtos para oferecer experiências completas e facilitar o acesso a todos os componentes que makers precisam para criar projetos. E, diferente do que tem se tornado uma tendência do mercado, a MakerHero se compromete com todas as etapas do processo de venda, desde a seleção de fornecedores com qualidade, passando pela importação, teste, comercialização e suporte técnico especializado.

• A CASA DA •

IMPRESSÃO 3D

A CASA DE SOLUÇÕES QUE VIABILIZA O SEU PROJETO

TUDO O QUE VOCÊ PRECISA PRA SOLUCIONAR, PRODUZIR E MATERIALIZAR SEU PROJETO.

CONHEÇA AS SOLUÇÕES DA NOSSA CASA:

01 IMPRESSORAS E FILAMENTOS

02 SERVIÇO DE IMPRESSÃO 3D

03 MANUTENÇÃO DE IMPRESSORAS

04 SERVIÇO DE ESCANEAMENTO 3D

NÓS SOMOS A CASA DA IMPRESSÃO 3D

ENDEREÇO: RUA MACHADO DE ASSIS, 120. SANTO ANTÔNIO, SÃO CAETANO DO SUL - SP.

INSTALAÇÃO REDAÇÃO

CONFIGURANDO A IMPRESSORA 3D RISE NO ULTIMAKER CURA

por **Ayrton Araújo**

Técnico em CGI e técnologo em Marketing, editor associado na Impresso 3D e diretor operacional no FabLab Manaus. Atualmente está se especializando em tecnologias para educação e mecatrônica.

@ayrtonmaker

Recentemente houve um súbito crescimento de usuários da impressora 3D Rise. O principal motivo desse 'boom', segundo os próprios users, foi o sorteio dessa máquina em seus trabalhos, principalmente no Distrito Industrial de Manaus. Com isso também surgiu uma demanda por informação sobre como instalar esse equipamento no Windows, visto que o site oficial da marca está offline.

Resolvemos criar esse minitutorial utilizando o Ultimaker Cura, que torna o processo de instalação bem mais amigável e rápida. O Repetier Host é o fatiador indicado pelo fabricante, porém a sua interface não é tão intuitiva para iniciantes.

Você pode encontrar os tutoriais feitos pelo Emanuel Campos para fazer a instalação padrão com o Repetier nos seguintes links: Configurando a 3DRise e o RepetierHost (https://www.youtube.com/watch?v=vwc7M-qQOHqY) e 3DRise - Unboxing e Configuração (https://www.youtube.com/watch?v=kquWp2IkN4c).

Passo a passo

Faça o download do Arduino IDE (https://www.arduino.cc/en/software) e do Ultimaker Cura (https://ultimaker.com/software/ultimaker-cura) – e sim, a placa controladora da 3D Rise é um Arduino Mega.

Após baixar os programas, faça a instalação normalmente, o velho: "próximo, eu aceito, próximo, instalar, concluir". Ao instalar o Arduino IDE, você faz a instalação dos drivers da placa, não é necessário abrí-lo após a instalação.

Logo ao abrir o Ultimaker CURA, essa janela aparecerá:

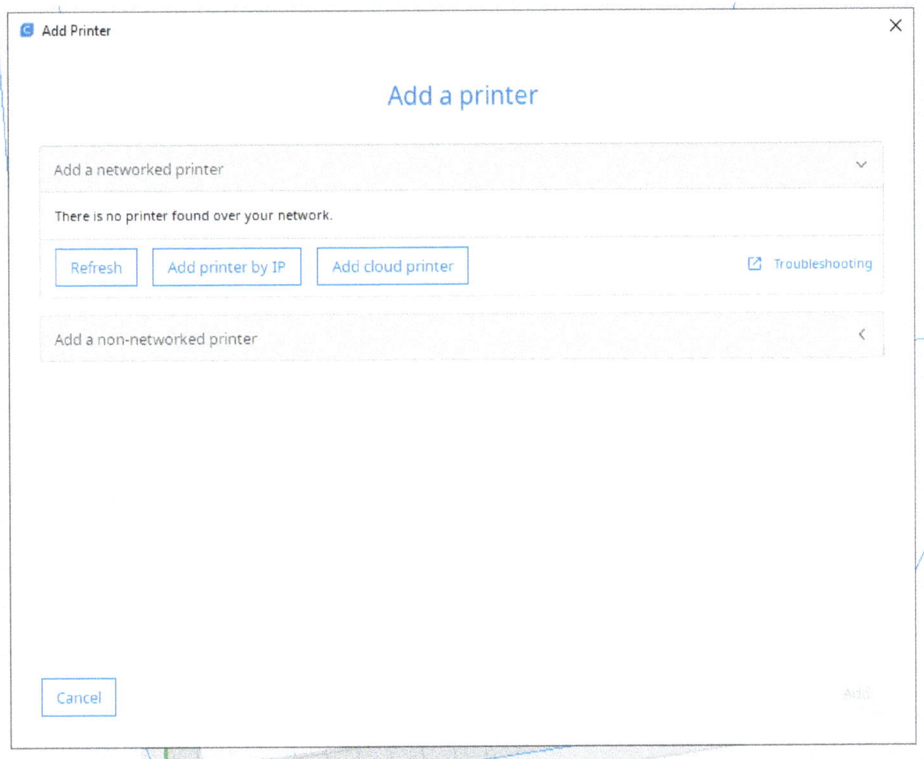

Caso já utilize o CURA com outras impressoras, acesse o menu ao lado do ícone de pasta e clique em "Add printer" (adicionar impressora).

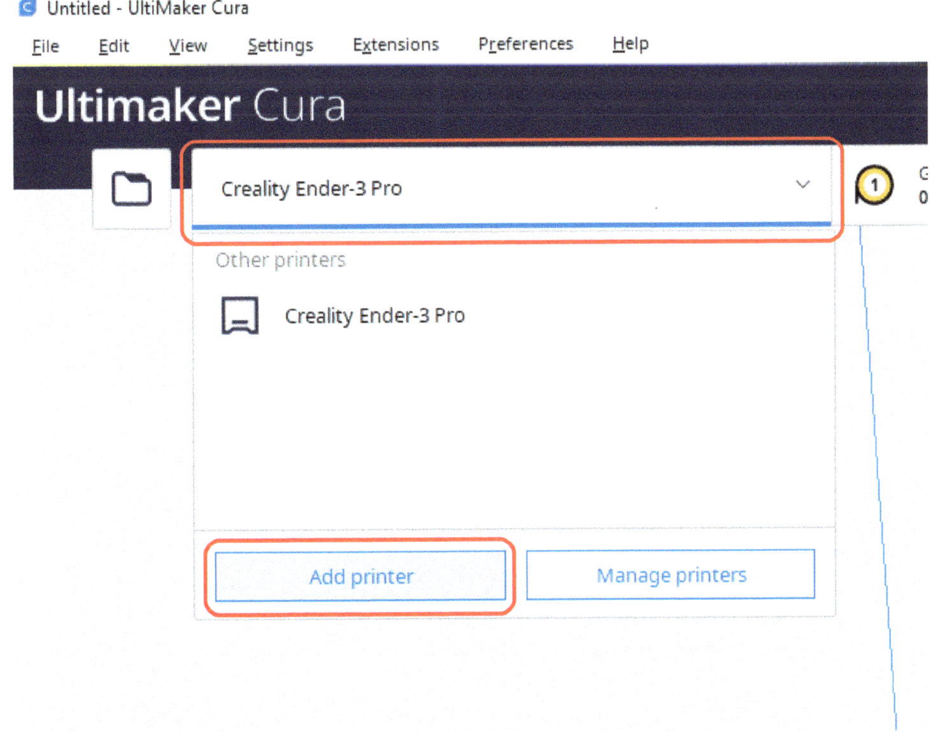

Agora criaremos a configuração personalizada da impressora, visto que ela não é listada no programa. No menu "Add a printer" selecione a caixa "Add a non-networked printer" (adicionar uma impressora não conectada à rede), role a lista de marcas de impressoras, selecione a opção "Custom" (personalizado) e depois "Custom FFF Printer" (impressora FFF (filamento) personalizada). Você pode nomear a impressora na caixa à direita "Printer name", no caso, colocamos o nome "3D Rise".

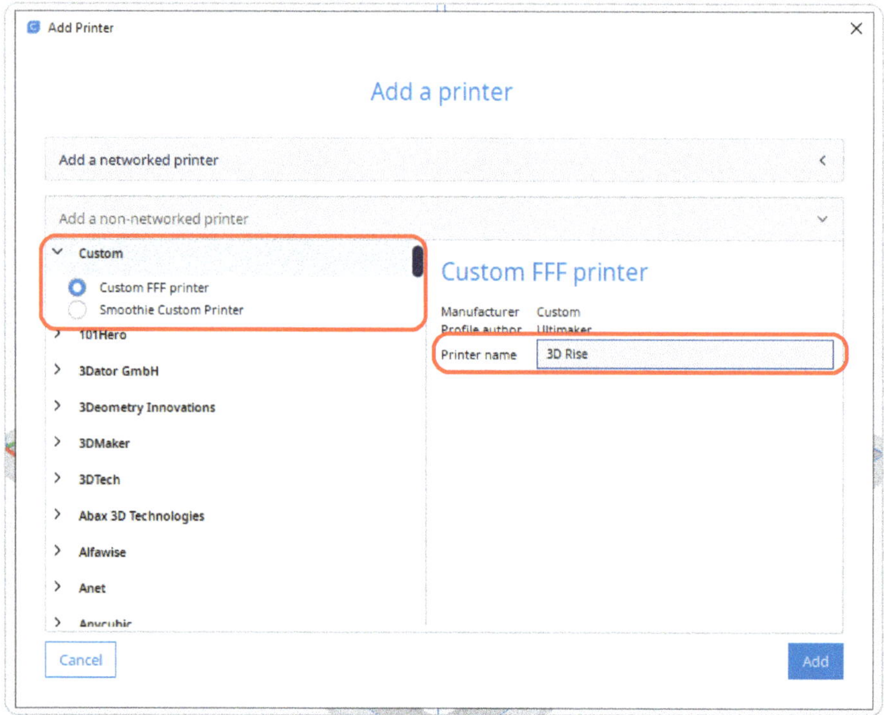

Após clicar em "Add" (adicionar), vamos fazer as configurações da impressora.

Mude a dimensões X, Y e Z para os seguintes valores: 100 (X), 140 (Y) e 120 (Z), essas dimensões já respeitam as margens da mesa da impressora. Deixe as caixas desmarcadas, infelizmente a 3D Rise não possui mesa ou câmara aquecida.

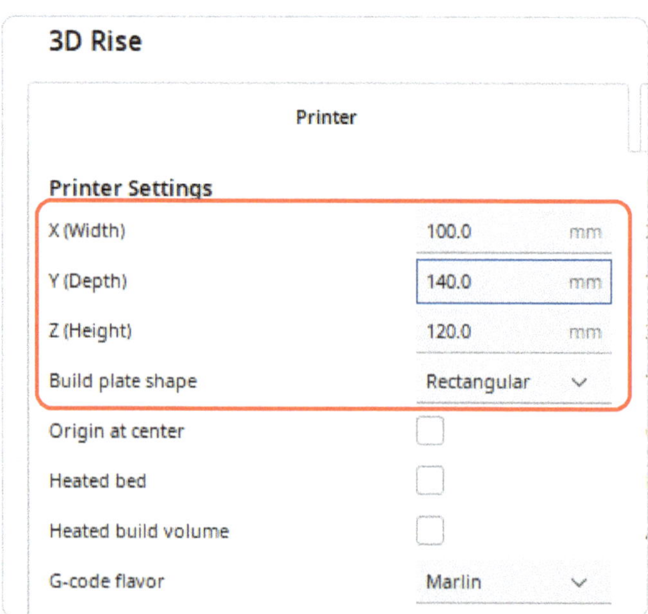

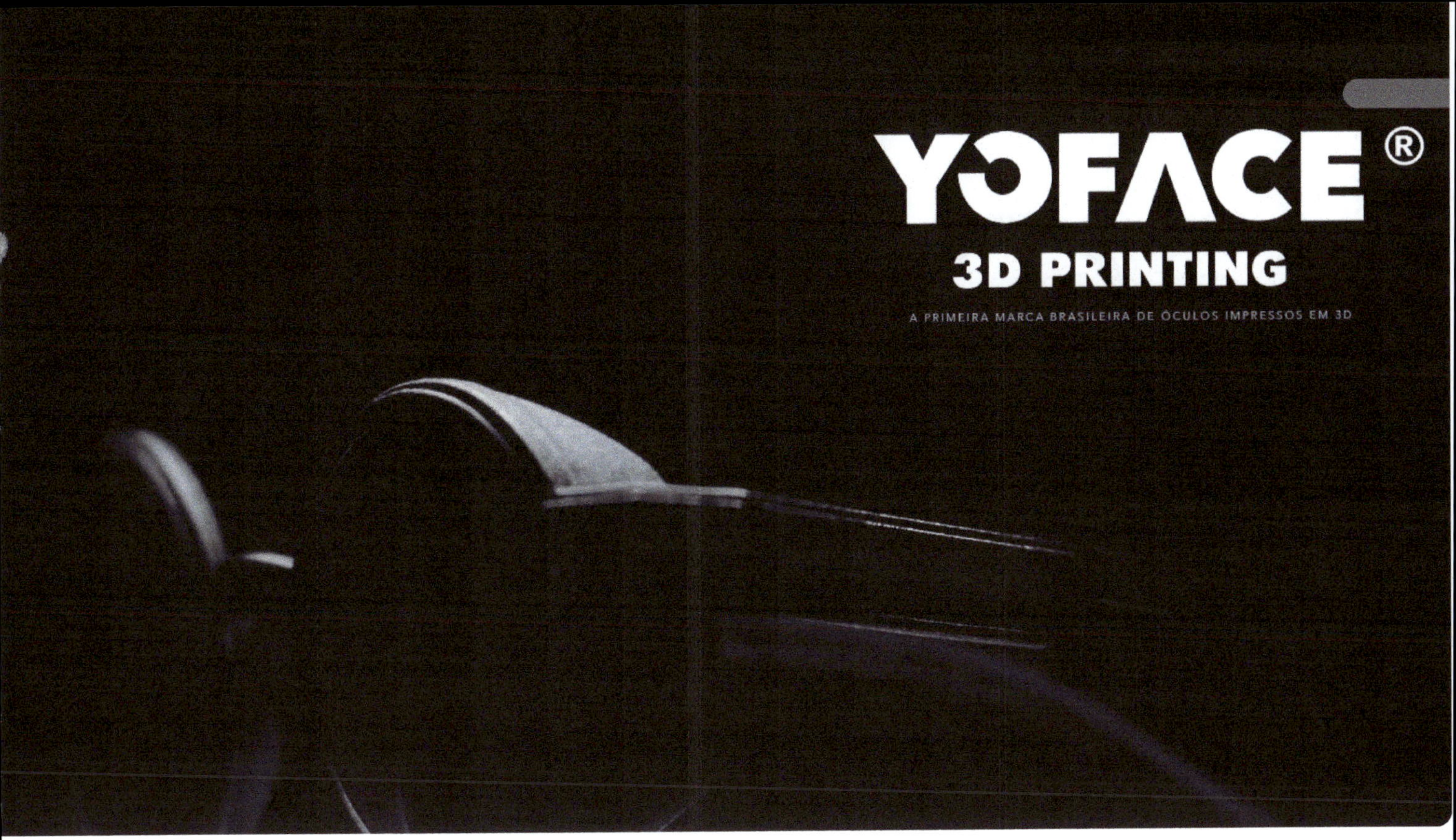

YOFACE®
3D PRINTING
A PRIMEIRA MARCA BRASILEIRA DE ÓCULOS IMPRESSOS EM 3D

INDÚSTRIA 4.0 REDAÇÃO

YOFACE

Os óculos além da tecnologia 4.0

Quando falamos de indústria 4.0 a primeira coisa que buscamos esclarecer é a diferença do automático e autônomo. Não canso de repetir, uma ender 3 é automática, ela executa os movimentos listados no arquivo . gcode, independente do filamento estar lá, da peça ter se soltado ou não. Ao sair para casa e deixar sua impressora trabalhando, você pode ter na manhã seguinte sua peça ou um espaguete sabor filamento de sua preferência. Autônomo é a máquina que possui calibração automática, que tem sensor de presença de filamento, que é capaz de, através de câmera e inteligência artificial, detectar se a peça está sendo impressa ou se sua impressora decidiu enveredar por uma carreira culinária e está fazendo espaguete.

Dito isso, tive a oportunidade de conhecer o Ivan Cavilha, fundador da Yoface, óculos impressos em 3D. A Yoface produz óculos que vão de uso eventual, como óculos de sol, óculos de uso obrigatório, como óculos de grau, e até mesmo óculos cirúrgicos, especiais para médicos cirurgiões que ficam horas olhando para baixo, suam, e não podem ficar ajustando os óculos no rosto. E apesar da imensa tecnologia, fantástico acabamento, folgo em dizer que o fato dos óculos serem feitos em 3D é apenas a ponta do iceberg do ecossistema criado por Cavilha e sua equipe. Óculos impressos em 3D é o automático, os óculos da Yoface são os autônomos.

por **Emanuel Campos**

Atua como engenheiro de aplicações para manufatura aditiva desde 2000 com foco em aplicações industriais e para a educação.

@e2campos

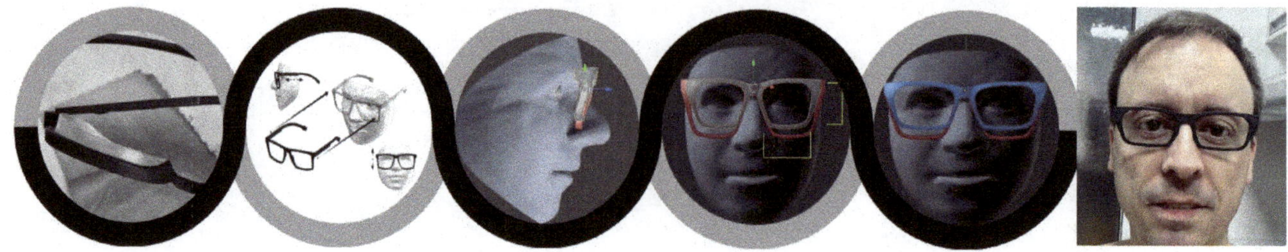

Para começar do começo, a Yoface foi fundada em 2019, mas sofreu o hiato que o mundo todo sofreu com a pandemia, e está com um relançamento oficial em 2023, não que tenham ficado sentados e esperando esses últimos 3 anos, mas segundo o fundador, este é o grande ano para a empresa escalar seu crescimento e atuação. Com mais de 20 anos no setor ótico, Ivan afirma que a ideia nasceu com objetivos simples, diminuir os SKUs (cada produto lançado por uma empresa tem um código de produto, que rastreia não apenas o produto, mas todos seus componentes, facilitando o fornecimentos de peças de reposição, isso é chamado de SKU - stock keeping unit - unidade a ser mantida em estoque).

Grandes marcas de óculos com fabricação tradicional, com volumosas coleções a cada estação, podem ter facilmente mais de 100.000 itens para manter em estoque, entre óculos e peças destes óculos para reposição. Óculos que não venderam bem, peças de reposição que podem nunca vir a ser utilizadas. Isso tudo gera custo, gera descarte, ocupa armazéns e sobrecarrega sistemas logísticos. A ideia de fazer tudo por impressão 3D, por si só, já era suficientemente revolucionária. Ainda mais casada com o parceiro de negócios deles, as impressoras MJF da HP, com suporte da SKA, e operações do SENAI CIMATEC, a empresa optou pela MJP pelo acabamento direto da impressora, pela gama de materiais disponíveis - hoje os óculos são feitos em PP ou PA12 - e acima de tudo, pelo tempo produtivo, 80 óculos completos, hastes, suporte das lentes, em 8 horas ou menos.

Os óculos são ainda acabamos com tamboreamento, são pintados, recebem todos os silicones para o apoio sobre o nariz e demais detalhes, para chegarem à venda sem dever nada para os modelos de fabricação tradicional, geralmente feitos por cortadoras a laser ou usinados. E se a Yoface fizesse só isso, ela já seria um case incrível, mas ela vai muito mais além!

Um bom produto para óculos precisa se apoiar em um tripé importante, 1) Biomecânica - o conforto para o uso, o apoio no rosto, sobre as orelhas, o peso do modelo, a estruturação da armação; 2) a aplicação do óculos, o suporte à lentes, a cilindricidade das mesmas, altura das pupilas, medidas diagonais, e claro, 3) o design do produto, seja como acessório ou para aplicação específica, corretivo, descanso e usos cirúrgicos.

Para não serem mais uma empresa vendendo óculos em um site, como se fosse um catálogo em PDF, a Yoface extrapolou qualquer limite, já que o óculos é customizado, ele não precisa ficar "mais ou menos" no rosto do cliente, ele precisa ficar exatamente como o cliente espera, então

NOTA DO EDITOR

O processo MJF já foi descrito por Wilson do Amaral Neto na edição nº 4. Corre lá e confere!

eles desenvolveram do zero, uma aplicação que através da câmera do celular ou do laptop, digitaliza o rosto do cliente, e sobre esse rosto o cliente escolhe digitalmente, qual armação ele quer provar - e como diriam os antigos comerciais da Polishop, e não é só isso - através desta digitalização a armação escolhida é ajustada para cada cliente. Maior ou menor abertura para dar espaço às fossas nasais, hastes mais longas ou mais curtas para garantir um posicionamento perfeito sobre as orelhas. Da mesma forma que o site mede o cliente, o site customiza os óculos.

Agora, onde a Yoface realmente brilha, é na possibilidade de ajudar pessoas pós operadas, com malformações da face ou com qualquer outra necessidade especial. A possibilidade de

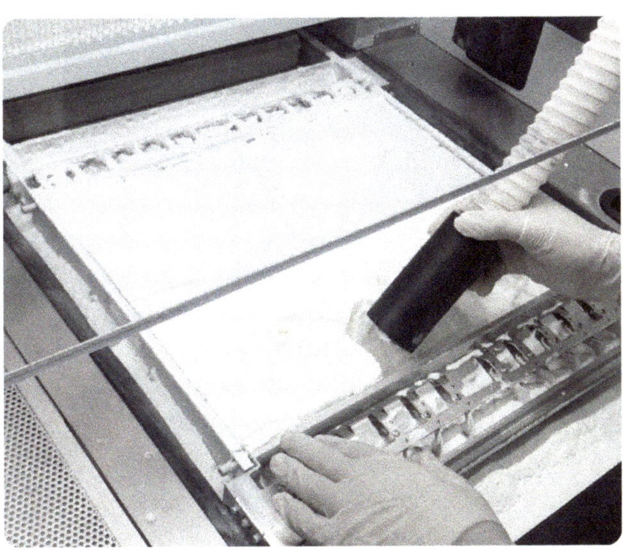

produzir peças especiais, que vão desde um reforço estético a atender pessoas com necessidade de óculos através da combinação de digitalização da face, algoritmos de ajustes às armações e a impressão 3D foi que levou a empresa a firmar uma parceria com a Beneficência Portuguesa. O que era para à princípio atender aos cirurgiões, com óculos melhores para usos nas prolongadas cirurgias, rapidamente se estendeu para atendimentos especiais.

Em síntese, em um período que vivemos o derretimento das chamadas BigTechs, ou FANGS (Facebook, Amazon, Netflix, Google e Spotify), e que o dinheiro para ser captalizado no meio de Startups secou, a Yoface mostra o caminho de como é possível prosperar cruzando diversas tecnologias, sem ter que gritar que ela é disruptiva, ela simplesmente entra um produto que soluciona uma dor. Algo que todas as empresas deveriam fazer, e que a Yoface joga na sua cara, como deve ser feito.

A Yoface irá participar de diversas feiras, sendo a mais próxima e potencialmente, mais significativa, a ExpoOptica Brasil, onde irá realizar o lançamento de mais de 20 modelos diferentes. Ela ainda pode ser encontrada diariamente no instagram.com/yoface_brasil ou no site www.yoface.com.br

Parceria com as melhores marcas do mundo 3D

NOSSOS PARCEIROS

CREALITY

- Adesivos
- Filamentos
- Impressoras
- Peças
- Resinas
- Secadoras
- Suporte Técnico

Você leitor da Revista Impresso3D, compre em nosso site utilizando o cupom exclusivo **IMPRESSO3D** e garanta 10% de desconto em toda nossa loja!

(11) 4412-9399
contato@tecnocubo.com.br
www.tecnocubo.com.br

Não jogue este folheto em via pública

MATERIAIS REDAÇÃO

O PODER DAS POLIAMIDAS

Você já ouviu aquela história, de que tradução é traição? A maior prova de que este velho adágio é verdadeiro é a própria história do Nylon. Se você já estudou um pouco sobre este material fantástico, que surgiu de documentários da web como "The lightbulb conspiracy", ou ainda viu a exposição "Instrumentos da sedução", no prédio sede do grupo S aqui na Avenida Paulista (SESI, SESC, SENAI, SEBRAE), você sabe da importância do Nylon para a moda.

Reza a lenda de que o material teria sido batizado de Nylon para honrar as duas maiores capitais da moda, Nova York e Londres, NYLon, por tanto. Reza a lenda que o material foi cunhado para uso nos paraquedas, durante a segunda guerra mundial, e que após a guerra, sem saber o que fazer com esse material leve, elástico e resistente, investiram na moda com ele. E todas essas lendas estão meio certas, mas se é para crer em alguma coisa, que tal algo com bibliografia e autores?

Aqui retrato o resumo de um artigo maravilhos (Nylon: A Revolution in Textiles | Science History Institute) que por sua vez resume um livro maravilhoso ainda mais amplo (Molecules That Matter, a forthcoming compilation of essays to accompany the traveling exhibit by the same name, opening at CHF's Clifford C. Hach Gallery in August 2008.), mas para tornar curta a história do artigo - e correndo o risco de repetir o adágio de que tradução é

por **Emanuel Campos**

Atua como engenheiro de aplicações para manufatura aditiva desde 2000 com foco em aplicações industriais e para a educação.

@e2campos

Disclaimer: este artigo só foi possível pela ajuda de muitas mãos, Luiz Squilante, Thiago Medeiros, Clóvis Cruz, Cleber Rampazo, Daniel Lobão e Bruno Oliveira, meu muito obrigado à todos vocês por suas colaborações e correções, e perdoem qualquer erro que eu tenha me esquecido de corrigir após a revisão!

traição - segue uma história deste material fantástico.

O produto chegou ao mercado em 1938, como um material revolucionário, justamente por esticar, ser resistente, poder ser lavado, sem nunca se desgastar. Seu nome deriva justamente da evolução do material da época - Rayon - chamada de seda artificial, um nome que implicava ao mesmo tempo "imitação e barato", e que não ajudava o produto a vender bem, o nome original do Nylon seria Nuron - um trocadilho entre nouveau - inovador no francês, e quando lido ao contrário formaria No Run - não se desgasta, mas questões de direitos autorais foram conduzindo o nome de Nuron para Niron, Nilon, e por fim, para evitar dúvidas sobre a pronúncia correta do nome, Nylon.

A busca por esse novo material veio como quase todas as descobertas, tateando no escuro, mas com um sentimento de objetivo bem claro, vencer o material Rayon. Tudo começou em 1920 quando a E. I. du Pont Nemours and Company comprou 60% da empresa francesa de fibras sintéticas Comptoir des Textiles Artificiels Company, responsável pelo Rayon.

Em dezembro de 1926 Charles M. A. Stine, diretor da área química da DuPont, circulou um memorando para os executivos da empresa afirmando que eles estavam buscando por inovações nos lugares errados, e que a empresa deveria investir na Pesquisa Pura, o que era impensável para

uma empresa que procura lucros, e cujas pesquisas antes eram relegadas a universidades. Mas a diretoria, prevendo que as pesquisas de como melhorar o Rayon não levariam a lugar nenhum, aprovaram a decisão de se pesquisar um novo material, dariam um fundo de 25.000 dólares ao mês (algo como U$ 430.000,00 ao mês em dinheiro de hoje), e ainda pediram para que Charles contratasse os 25 melhores químicos que pudesse achar. Este novo departamento seria chamado de Purity Hall.

Tornando curta a história longa, aqui Charles e sua equipe primeiro investiram muito tempo em Polyesters, mas todos apresentavam os mesmos defeitos, de estragar em altas temperaturas e de perder suas propriedades em água, apenas em 1934 Elmer Bolton, o novo diretor chefe de química da DuPont pediu que a equipe parasse de focar em poliésteres, e foi Carothers passou a se focar em poliamidas, e em 24 de maio de 1934, surgiria o primeiro polímero baseado em aminoethylester, o primeiro Nylon. E finalmente em 1938, com auxílio de Paul Flory, que viria a ganhar um prêmio Nobel em química, o time finalmente iria escrever um algoritmo para estabilizar e organizar a reação de polimerização do material.

De fato o material teve uma breve apresentação ao mercado, em 1938, mas conforme a segunda guerra progredia, e com o Japão do outro lado da guerra, os aliados precisaram de um material leve, elástico e resistente para substituir a seda japonesa, e foi quando toda a produção do Nylon foi usada para fazer paraquedas. Conta a história, contudo, que caixas do Nylon eram frequentemente "extraviadas" para chegar ao mercado da moda, desesperado para atender ao desejo de consumo do novo produto para meias calças e moda íntima feminina.

O pós guerra marca a explosão do produto no mercado, e faz com que diversas empresas ou licenciam a produção do Nylon da DuPont, ou produzam suas próprias malhas

sintéticas, Bri-Nylon, Tricel, Dracon, Acrilian, Orlon, Terylene, e muitos outros materiais chegariam à moda, que marcaria os anos 60, 70 e 80. Perguntem aos seus pais e avós e se eles já usaram uma "camisa volta ao mundo", e você terá a prova da explosão que foram os tecidos sintéticos naquela época, Chanel, Dior, Patou Pierre Cardin e muitos outros nomes da moda se tornaram embaixadores do produto ao adotá-los em suas criações.

Certamente, olhando para trás, dá para ver o quão acertada foi a decisão da DuPont ao criar o departamento de Pureza, mas é difícil imaginar a fé daqueles envolvidos no projeto com uma aposta de tão longo prazo, mais de 12 anos de investimento pesado para alcançarem os resultados, mais ainda, parece que Miranda Priestly, a fictícia diretora de uma revista de moda no filme O Diabo veste Prada, interpretada por Meryl Streep tinha razão ao afirmar que a moda é a grande promotora da tecnologia, ao menos no que tange ao Nylon, ela não poderia estar mais correta.

Mas e na Engenharia?

Antes de mais nada, precisamos fazer uma distinção aqui, a DuPont fez um trabalho tão fantasticamente maravilhoso ao propagar o nome Nylon, segundo o artigo a intenção era criar um nome como se o material fosse pré-existente, não algo criado, se afastando dos problemas com o Rayon, que soava imitação e cópia barata. Só que a DuPont foi bem demais no seu intento, e como resultado, parece que tudo é Nylon, e isso não é verdade. Nylon é uma cadeia de Poliamidas, e Poliamidas, ou PA, são os materiais que efetivamente usamos em nossas roçadeiras, em materiais de engenharia e em diversas e inúmeras aplicações.

A confusão se fez tão grande que certa vez um amigo e consultor da ENTEC, Clóvis Cruz, engenheiro químico pela universidade Feevale, MBA em administração pela PUC e que atua há 10 anos com o mercado de plásticos e polímeros, foi vender a Poliamida HT para um cliente de injeção e após todos os slides e powerpoints com predicados das maravilhas do material, o cliente lhe fala "olha doutor, esse material parece bom e tal, mas eu gosto de usar é Nylon, se tiver Nylon, eu compro!". As próprias grandes empresas como Stratasys acabam por utilizar o termo Nylon ao invés de falar Poliamida. Mas, já que o ponto desta revista é criar um público mais erudito, por favor, à partir de hoje, a menos que seja meia calça, lingerie ou corda de paraquedas, especificamente da DuPont, vamos falar Poliamida, ok? (corrijam as pessoas ao seu redor, impressionem seus companheiros e companheiras, orgulhem seus pais!)

Dito tudo isso, o material de nylon é um termoplástico de engenharia que é fácil de usinar e pode servir como várias peças mecânicas finais. Hoje em dia, tem sido amplamente utilizado em várias aplicações, incluindo vestuário, material de reforço de pneus de carros semelhantes a borracha, para uso como corda ou fio e para muitas peças moldadas por injeção para veículos e máquinas.

Ótimo, mas como saber quando adotar o Nylon na engenharia? Conforme conversa recente com o mestrando e Professor Fábio Crucinsky da UTFPR, ele me diz que sua maior dificuldade em trabalhar com materiais de impressão 3D é a falta de dados sobre os materiais, a ficha técnica ou datasheet 'quando vou usar um material, como engenheiro mecânico, minha primeira pergunta é, qual a tensão de escoamento?', sua procura não é sem justificativa, e sem a intenção de fazer aqui um curso de engenharia de materiais, gostaria apenas de posicionar o Nylon entre os materiais já são comuns na impressão 3D.

Para entender a importância deste material, vamos começar diferenciando-os dos dois principais polímeros de impressão 3D, o ABS e o PLA. Diferenciar ABS e PLA é como diferenciar Rígido e Dúctil. Rígido é como a faca da cozinha, se você tentar dobrar a lâmina da faca da cozinha, ela vai estilhaçar. Ela não acumula deformação, ou ela resiste ao esforço, com um leve envergar elástico, isto é, a deformação não é permanente, ou se você vencer essa curva elástica, ela irá quebrar, e da pior forma possível, estilhaçando, lançando pedaços para todo lado. O PLA é rígido. É inclusive um dos materiais mais rígidos que existem.

No outro extremo da equação estão os materiais maleáveis. Materiais maleáveis são

como clipes de papel, se você já tentou quebrar um clipe de papel sabe do que estou falando, você flete, dobra, torce, e dobra de novo, o material chega a esquentar antes de se partir. Apesar da curva elástica muito pequena, qualquer esforço pode deformar um clipe de papel de forma permanente, suas deformações na fase plástica podem ser muito alongadas antes do material efetivamente romper-se. O ABS não é o maior exemplo de material maleável do mundo, mas em comparação ao PLA ao menos, ele pode ser chamado de maleável ou dúctil.

Como pode ter ficado claro, existem três fases de interesse na "rigidez" de um material, quanto esforço o material pode receber sem guardar deformação permanente (fase elástica), quanto esforço o material pode receber, ainda que se deformando, sem se romper (fase plástica, mas também chamada de tenacidade ou resiliência), e por fim, qual esforço leva um material à ruptura. Convém salientar que estes dados são esforços do tipo constantes, que são aplicados e vão gradualmente crescendo, ainda existe um dado específico para a resistência a impactos. Estes conceitos foram mais profundamente explicados na matéria "O mundo quântico dos polímeros", na revista 19.

Com estas premissas explicadas, agora podemos afirmar que a Poliamida é um material que atua como coringa, possui grande resistência a deformações plásticas, como se fosse o PLA, mas com uma fase ao elástica longa, como se fosse o ABS, além de possuir grande tensão de escoamento. Aliado a isso, o material é muito resistente a abrasão física, isto é, não se desgasta facilmente, perfeito para atuar como mancais, buchas ou suportes, e possui uma considerável resistência química, tornando-o um material perfeito para o chão de fábrica, de auxiliares de produção como berços, suportes, apoios, à peças de máquinas diretamente, com grande resistência a desgaste, atuando na manutenção e reposição de componentes das mesmas, ou ajudando a incorporar pequenas modernizações e adequações nas mesmas.

Repare na tabela abaixo, onde quanto menor o número, maior a resistência a ataques químicos do material:

FDM Materials

Chemical	ABS-M30™	ASA	PC-ABS	PC	ULTEM™ 9085 Resin	FDM Nylon 12™	PPSF	ULTEM 1010 Resin	Antero™ 800NA
Aliphatic hydrocarbons (e.g., methane, propane, butane)	2	2	3	3	2	1	1	2	1
Aromatic hydrocarbons (e.g., benzene)	3	3	3	3	2	1	2	1	2
Halogenated hydrocarbons (e.g., CFCs)	4	4	4	4	4	4	3	3	1
Ketones (e.g., MEK, acetone)	4	4	4	4	3	2	3	3	2
Alcohol/ethanol	2	2	2	2	2	4	2	2	1
Phenols	4	4	4	4	4	4	4	4	1
Esters	3	3	4	3	2	1	2	2	1

1 = Excellent chemical resistance 2 = Good chemical resistance 3 = Limited chemical resistance 4 = Poor resistance

Segundo tabela desenvolvida pela fabricante de Israel, a Stratasys, a Poliamida está muito bem posicionado para resistência química a diversos componentes, sendo péssimo apenas para hidrocarbonetos como CFC, Alcoóis e Fenóis, mas fantásticos para Hidrocarbonetos aromáticos como Benzeno, Alifáticos como propano, butano, metano e outros, além de incrível resistência para Ésteres. Para o estudo completo acesse aqui.

Já o site CNCLathing classificou de 1 a 4 a resistência mecânica dos materiais, comparando-o ao ABS e ao PLA, mas inverteu a escala, aqui, quanto maior o número, melhor:

Plástico	Nylon	ABS	PLA
Força	1	2	3
Rigidez	1	2	3
Durabilidade	4	2	1
Resistência química	4	1	1
Resistência à temperatura	1	2	0

Mas a Poliamida impressa é igual a injetada?

Ao longo da minha carreira, vi muita gente tentar imprimir Poliamida, desde cordas de cortadores de grama elétricos, vulgarmente conhecidos por roçadeiras, até Poliamida para outros fins, e para começar, nem entre as Poliamidas chamadas de Nylon elas são iguais, quem dirá entre as Poliamidas puras... Me explico: A base do Nylon é a Poliamida, mas a molécula de Poliamida pode receber diferentes quantidades de carbonos, formando cadeias mais longas ou mais curtas. Quanto mais longa a cadeia, isto é, quanto mais carbono, mais resistente o material se torna, mas menos flexível por outro lado.

Imprimir Nylon de roçadeira é uma péssima ideia, não só por ser altamente tóxico os vapores que ele emana devido aos seus

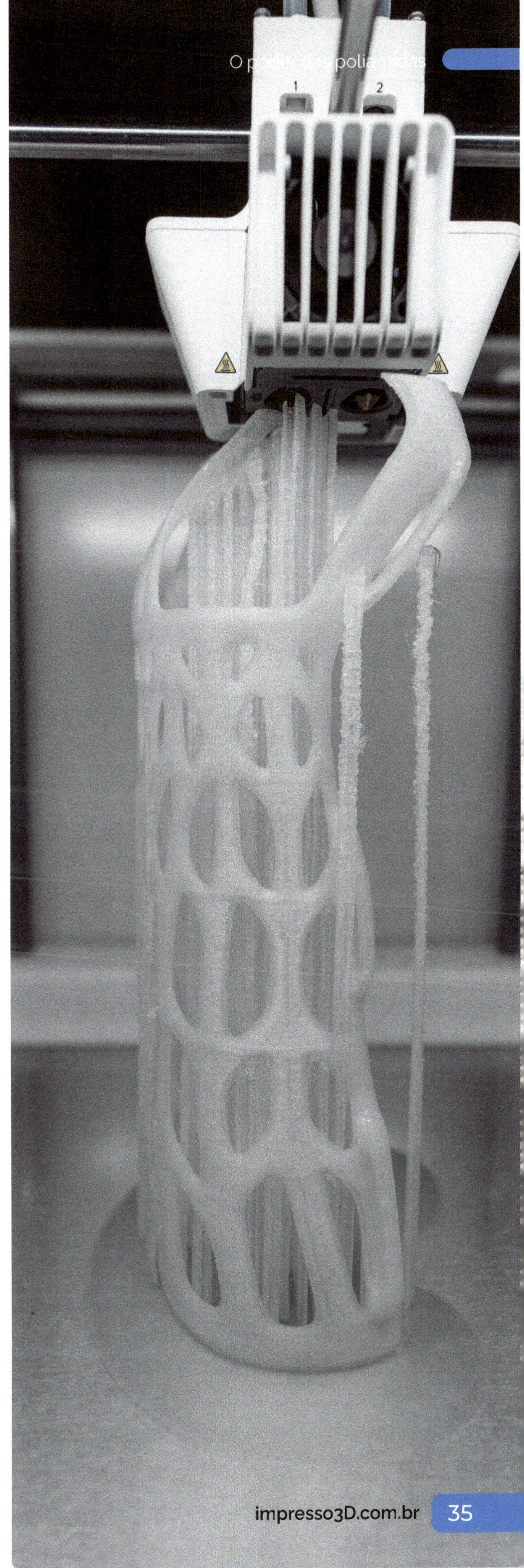

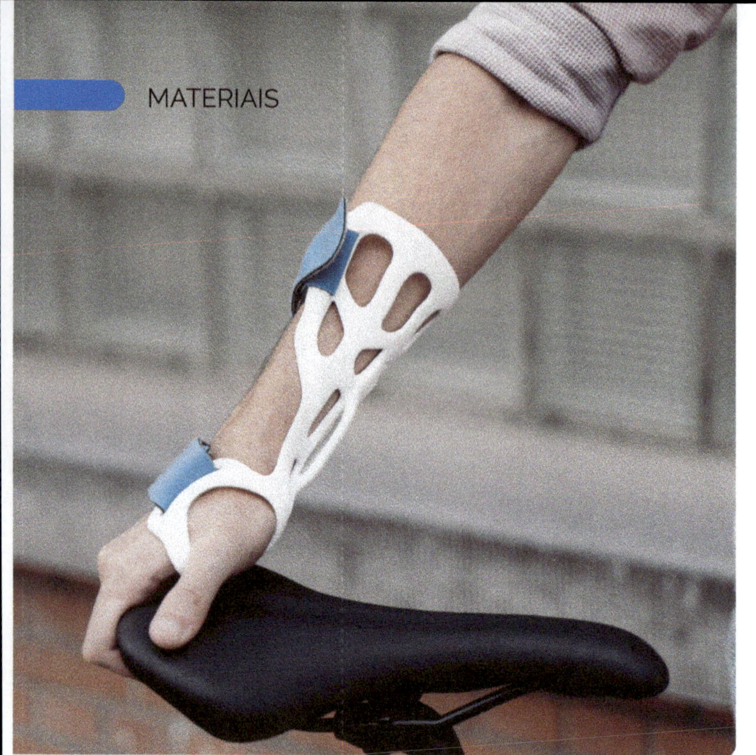

vários aditivos, para ser uma cortadeira de pasto melhor, mas também por que ele simplesmente não foi feito para fusão por camadas. A Poliamida demanda altíssimas quantidades de energia para se fundir, não por acaso nas impressoras industriais se utilizam de câmaras fechadas, muito aquecidas, além de cabeçotes muito quentes, isso garante uma fusão de camada maior.

Trocando em miúdos, imprimir Poliamida sempre foi um pesadelo para imprimir em impressoras DIY, domésticas, caseiras, abertas, e até em algumas impressoras profissionais. Altamente higroscópico, o material é um pesadelo para ser mantido seco, mas justamente após a impressão, o material além de precisar esfriar em temperatura ambiente pelo mesmo tempo que levou para ser impresso, ele precisava ser reidratado por 4 horas em água a 40 °C, para recuperar sua elasticidade, ou de outra forma se tornaria quebradiço. E mesmo essa ginástica toda se baseava em acreditar que: 1) a impressão 3D deu certo e 2) a peça não iria entregar tudo que um exemplar igual, só que injetado daria.

O culpado é o coeficiente de cristalização da Poliamida. Um estudo conduzido pela Lehvoss, produtora internacional de polímeros para inúmeras aplicações, mostra que a Poliamida impressa quando submetido a um estudo de Tomografia Computadorizada, cria uma porosidade interna, e em impressoras comuns, quanto mais alta a peça, isto é, quanto mais distante da mesa aquecida, maior a porosidade:

Micro CT Analysis*

Standard PA6

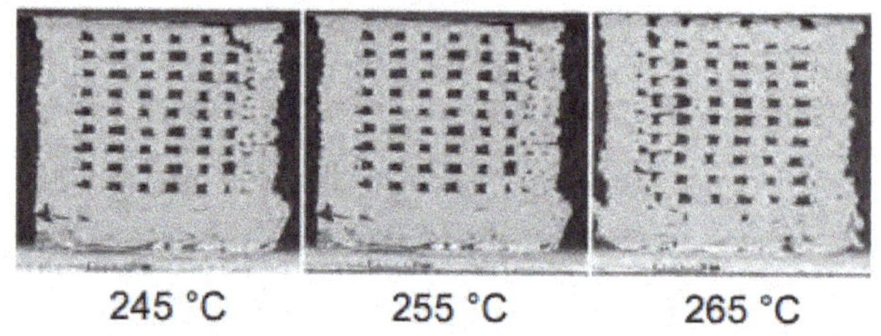

245 °C 255 °C 265 °C

Printing Temperature	Porosity Measurement 1	Porosity Measurement 2
245°C	28.90%	27.73%
255°C	22.28%	22.08%
265°C	26.64%	26.45%

LUVOCOM 3F PA[HT®]

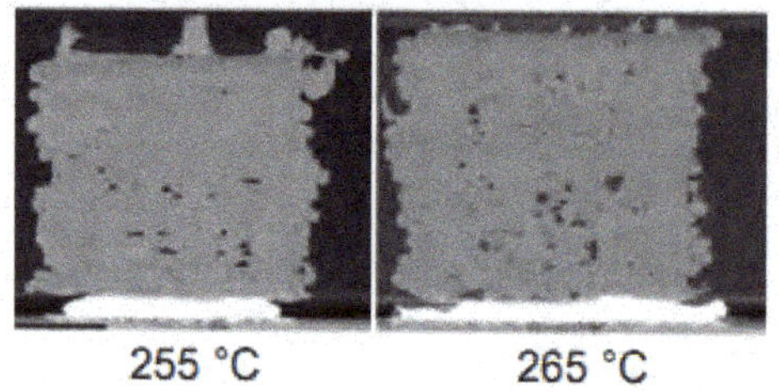

255 °C 265 °C

Printing Temperature	Porosity Measurement 1	Porosity Measurement 2
255°C	2.08%	2.02%
265°C	3.42%	4.6%

Isso se deve ao fato que conforme a peça vai crescendo e se afastando da mesa aquecida, ela vai recebendo menos energia do calor da mesa e a cristalização da poliamida se torna difícil de controlar, e justamente por isso a empresa desenvolveu o que ela chama de PA HT, um material desenvolvido desde o nível molecular, para controlar sua cristalização, tornando-a mais lenta e necessitando de menos energia. O material também absorve umidade até 10 vezes mais lento que a Poliamida comum, tornando-o melhor para impressoras 3D e entregando um material que uma vez impresso, tem praticamente as mesmas qualidades de seus equivalentes injetados.

A ENTEC/Ravago é distribuidora do material no país, que atualmente já conta com 3 fabricantes do Nylon, apelidado localmente de Nylon EasyPrint, hoje é produzido pela 3DX, Filamentos 3D Brasil e pela National3D, e por intermédio da própria Lehvoss, logo teremos em solo nacional, materiais homologados pela fabricante, com fabricação e qualidade controlados. Mas existem inúmeros grandes fornecedores do material no mercado hoje em dia, e seria relapso não citar entre tantos, ao menos a Polymaker, provavelmente a maior fabricante de materiais para impressão 3D do mundo, a gigante chinesa também desenvolveu sua própria liga de Poliamida e sua abordagem ao redor do processo de impressão da mesma, e claro, a BASF também é outra grande desenvolvedora aqui no Brasil representada pela Additiva 3D através do Bruno Oliveira, e que contará mais, exclusivamente sobre o material deles, em uma matéria futura.

PRIMEIRAS EXPERIÊNCIAS COM NYLON (PAHT)

Hoje é um dia muito especial, eu como educador ser convidado para escrever minha experiência para uma revista é muito gratificante, obrigado ao Emanuel Campos e à Impresso 3D por mais está conquista.

Bem antes de mais nada deixa eu me apresentar, sou professor na melhor instituição de ensino técnico e profissionalizante do país o Serviço Nacional de Aprendizagem Industrial SENAI, e no dia 19/07/2018 fui apresentado ao mundo da manufatura aditiva, através de um projeto de montagem e configuração de uma Graber I3, foi aí que tudo começou, iniciei um canal de YouTube para poder passar meus conhecimentos através da plataforma e foi um sucesso, minhas aulas presenciais tomaram outro rumo e me desenvolvi ainda mais na área do ensino, as aulas remotas e on-line vieram para ficar e hoje me sinto muito mais preparado e realizado com estes novos desafios da indústria, sociedade e educação 4.0

Os desafios da manufatura aditiva são inúmeros, começando com a parte da modelagem 3d voltada exclusivamente ao processo da manufatura aditiva que é diferente da modelagem convencional, até escolha do material mais adequado para a solução do problema em questão.

Em um projeto específico da qual estava à frente, precisei utilizar as características técnicas do PA (nylon) e se iniciou um grande desafio, estava sendo muito difícil imprimir PA nas impressoras de baixo custo, eu na minha jornada de estudos e aprendizados criei um sistema de enclausuramento e controle para a impressão de ABS e foi um sucesso, porém, mesmo com este aparato não estava atendendo as necessidades do PA.

O primeiro desafio na impressão de PA foi que ele "pipocava" no bico na temperatura correta de impressão me forçando a ir abaixando a temperatura para melhorar o acabamento, e realmente resolveu, consegui imprimir com uma boa qualidade visual mas, as

por **Daniel Lobão**

Youtuber e proprietário da DL3D, uma startup no ramo de conteúdo online e soluções de problemas industriais utilizando a tecnologia da manufatura aditiva.

@danielwacholobao

camadas não aderiram umas às outras provocando o descolamento e uma baixa resistência mecânica, continuei meus estudos na área, verificando os problemas já conhecidos da injeção de peças em PA e descobri um grande vilão, a UMIDADE, e que o material precisa ser seco em estufa antes de ser utilizado por 8 horas a 80°, isso fez muita diferença na qualidade das impressões porém o problema de empenamento se manteve, me forçando a criar um novo controle do processo.

Porém neste meio tempo, fui na feira de tecnologia Mega Expo3D em Sorocaba, onde conheci o Emanuel Campos pessoalmente e ele me mostrou o PAHT sendo impresso em uma Ender 3 aberta sem nenhum controle extra do processo, isso chamou minha atenção, pois com este material todos os meus problemas com o PA seriam solucionados, algum tempo depois tive a oportunidade de testar o material PAHT nas minhas impressoras e obtive muito sucesso nas impressões, ele realmente é mais simples de se trabalhar do que o PA convencional, ele não empena, e não precisa de uma temperatura tão alta de trabalho para ter o máximo de rendimento mecânico, porém é necessário como todo material fazer os testes de temperatura para obter o melhor resultado, e é claro ter domínio do software de fatiamento é de fundamental importância pois a escolha errada de determinadas funções pode prejudicar sua experiência, caso você tenha necessidade de se desenvolver na área fica o meu convite para conhecer nossas redes sociais, lá você vai ter acesso ao nosso conteúdo gratuitamente e vamos poder nos conhecer melhor.

Vamos falar dos pontos que levantei deste material, é muito importante que ele fique e esteja seco para a sua utilização, deixar por 8 horas antes do uso em uma temperatura próxima de 80° e mantê-lo aquecido em uma mini-estufa, para mim continua sendo de fundamental importância pois quanto mais seco estiver o material no momento da impressão melhor, assim você vai poder trabalhar com temperatura mais elevada, favorecendo a união entre as camadas e obtendo um melhor resultado. Procurar criar peças com geometria adaptadas ao processo da manufatura aditiva também é de fundamental importância, evitando suportes e retrações, isso vai ajudar muito a melhorar a qualidade superficial e a resistência mecânica das suas peças evitando pós-tratamento, é muito importante entender perfeitamente o processo em todas as etapas, da mesma forma que hoje na indústria temos as profissões de projetista mecânico, de tubulação industrial, estruturas metálicas, caldeiraria, de moldes e ferramentas é necessário se desenvolver para esta nova linha de raciocínio em função disso se criou uma nova profissão, a de PROJETISTA EM IMPRESSÃO 3D, com a somatória de várias capacidades técnicas.

Vamos falar dos passos que utilizei para fazer as configurações mais adequadas ao uso do material PAHT aqui nas minhas maquinas, iniciamos com o teste de nivelamento da mesa para encontrar a velocidade e a temperatura ideal da mesa para a primeira camada, a temperatura no bico utilizamos a temperatura mais alta recomendada pelo fabricante, assim que defini os parâmetros iniciais passamos para ajustar a temperatura do bico fazendo uma torre de temperatura prismática ou cilíndrica, sem que seja necessário retrações, e colocando um preenchimento próximo de 50%

Usei este modelo do Wellinton Machiavelli que você encontra no site (https://www.thingiverse.com/thing:2467332).

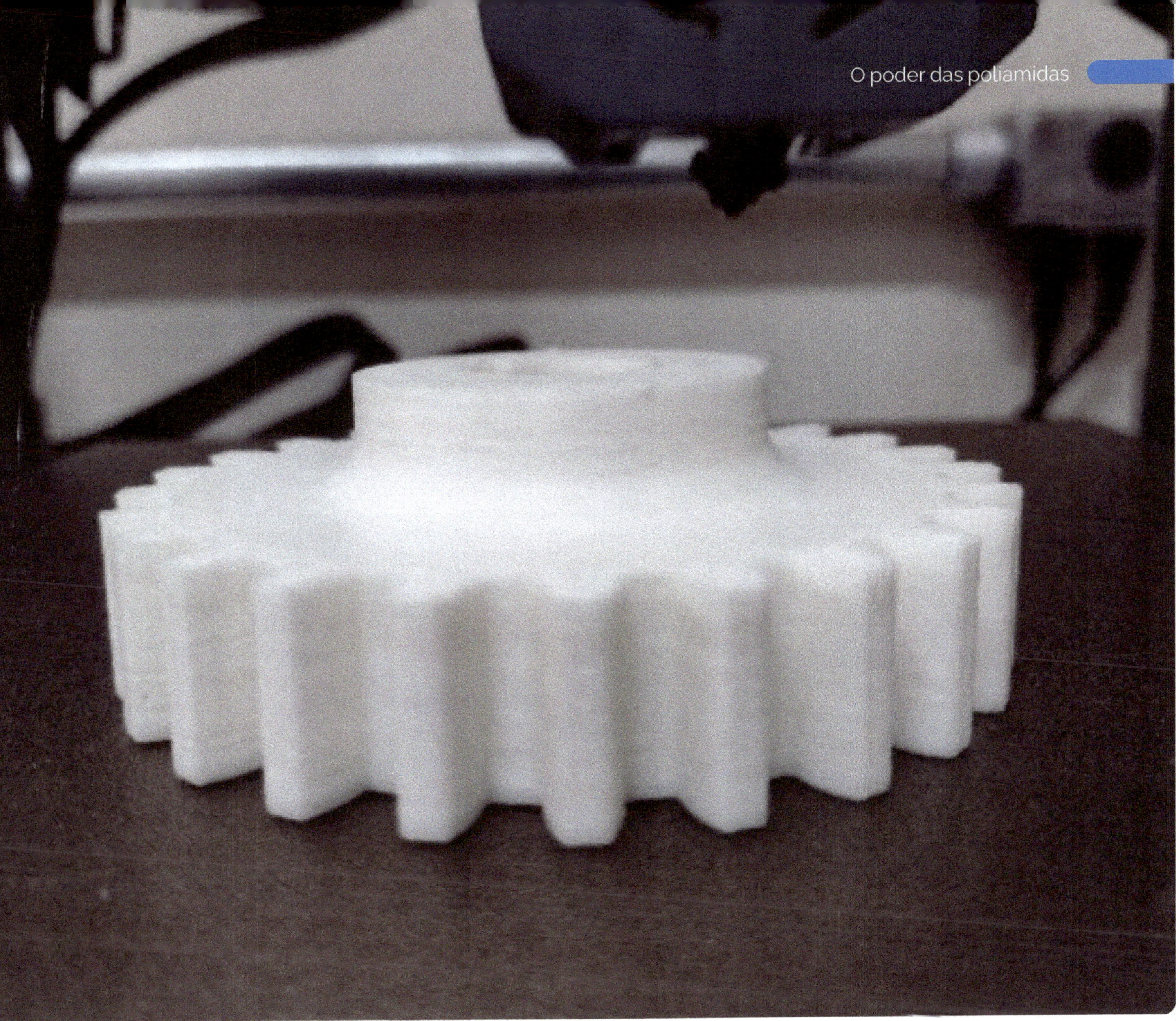

Encontrado a temperatura mais adequada para o uso aí sim vamos ajustar as retrações, utilize uma torre de retração que mais se adapte ao tipo de peça que você vai estar fabricando, neste momento não se frustre, cada equipamento tem configurações diferentes e encontrar a melhor configuração só depende de você!

Não utilize torre de retração muito pequena pois vai encontrar grandes desafios, fazer vários testes com parâmetros diferentes e entender as variações do processo, é de fundamental importância em qualquer equipamento e material, quando chegar ao ponto que lhe satisfaz pegue um projeto pequeno próximo de 4hs e faça uma peça de teste, evite perfis muito finos ou que tenha muitas retrações, como o PA é um tanto flexível é importante se atentar as configurações do fatiador, para ter uma boa impressão.

Procure fazer seus projetos de forma que o bico permaneça imprimindo o máximo de tempo possível evitando o máximo de deslocamento do bico sem depositar material e evitando também as retrações e suporte sempre que possível, nos meus processos de fabricação busco sempre utilizar uma peça por vez na mesa, isso melhora bastante a qualidade superficial externa, como neste modelo de engrenagem

Com estas recomendações com certeza vocês vão ter o máximo de rendimento do seu equipamento e do PAHT, e para mais informações estou à disposição você encontra meu contato na minha minibio.

FILIPEFLOP AGORA É
MAKER HERO
MUITO OBRIGADO POR APOIAR ESSA INICIATIVA!
NOS VEMOS NA PRÓXIMA EDIÇÃO :)
impresso3D